高等院校信息技术课程精选系列教材

C语言程序设计
实验实训教程

韩飞　冯小虎　成静　李慧　李莉　编著

南京大学出版社

图书在版编目(CIP)数据

C语言程序设计实验实训教程 / 韩飞等编著.
南京 ：南京大学出版社，2024. 7.（2025.2 重印）-- ISBN 978 - 7 - 305 - 28156 - 3

Ⅰ. TP312.8

中国国家版本馆 CIP 数据核字第 2024VY8126 号

出版发行 南京大学出版社
社　　址 南京市汉口路 22 号　　　　邮　编 210093

书　　名 C语言程序设计实验实训教程
C YUYAN CHENGXUSHEJI SHIYAN SHIXUN JIAOCHENG
编　　著 韩飞　冯小虎　成静　李慧　李莉
责任编辑 苗庆松　　　　编辑热线 025 - 83592655

照　　排 南京南琳图文制作有限公司
印　　刷 江苏苏中印刷有限公司
开　　本 787 mm×1092 mm　1/16　印张 18　字数 450 千
版　　次 2024 年 7 月第 1 版　2025 年 2 月第 2 次印刷
ISBN 978 - 7 - 305 - 28156 - 3
定　　价 54.80 元

网址：http：//www. njupco. com
官方微博：http：//weibo. com/njupco
微信服务号：NJUyuexue
销售咨询热线：(025) 83594756

前　言

C语言是目前为止应用广泛的高级程序语言之一，也是各类高等学校开设最为普遍的大学计算机程序设计课程。让学生具备运用计算机技术解决复杂问题的能力，是学生适应社会发展和进行科学研究的需要，也是工程教育专业认证的基本目标之一，而提高学生编程能力则是解决这些问题的重要措施。

本书是面向C程序设计使用的上机实践教材，旨在提高学生的编程能力，主要包括上机实验和模拟题两部分。

第一部分是基于教材内容的上机实验，共有13个实验。每个实验都包括实验要求、实验指导、实验内容(根据难度又分为夯实基础和应用提高两部分)以及实训练习。该部分精选了与实验内容有关的代表性强、重点突出的各类上机题目，将对学生编程实践有很大的帮助。

第二部分给出了一套全国计算机等级考试二级C语言操作题。

本实验指导共包含14个实验，其中，实验1、10、11、14由冯小虎编写，实验2、3、4由李莉编写，实验5、6、7由成静编写，实验8、9、13由李慧编写，实验12由韩飞编写，全书由李莉统稿。

本书还配套相关网络资源，内容包括导学、习题解答、部分源代码等，以二维码的形式在书中呈现，无需下载与注册，用微信扫描即可查阅获取。

由于篇幅和课时的限制，以及作者水平有限，书中难免有不妥之处，敬请读者批评指正。

编　者

2024年4月

【微信扫码】
本书导学

目　录

实验 1　C 程序的调试与运行

1.1　实验要求

1. 熟悉掌握集成开发环境 VS C++2010(学习版)或 Visual C 6.0。

2. 掌握 C 源程序调试的基本步骤(即编辑、编译、连接和运行)。

3. 掌握 C 语言程序设计的基本框架,能够编写简单的 C 程序。

4. 掌握 C 源程序的编辑、保存和打开。

5. 编写程序的文件名均采用 ex1_题号.c 的形式命名。如【1.1】程序文件名为 ex1_1.c。

1.2　实验指导

1. 启动 Microsoft Visual Studio C++2010 学习版集成开发环境

单击桌面右下角的"开始"→"程序"→"Microsoft Visual studio 2010 Express"→"Microsoft Visual C++2010 Express"命令,启动 Visual C++,启动后主窗口界面如图 1.1 所示,各功能描述如图 1.2 所示。

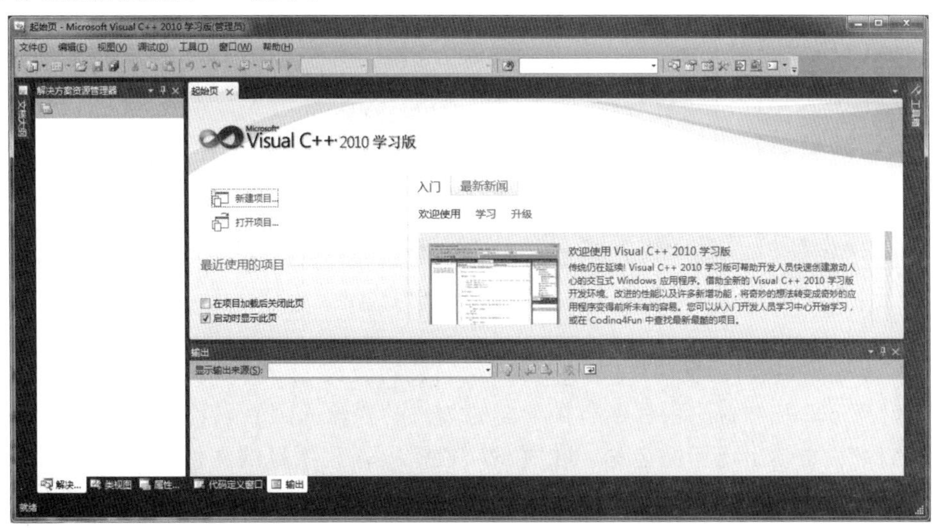

图 1.1　Visual C++2010 学习版启动界面

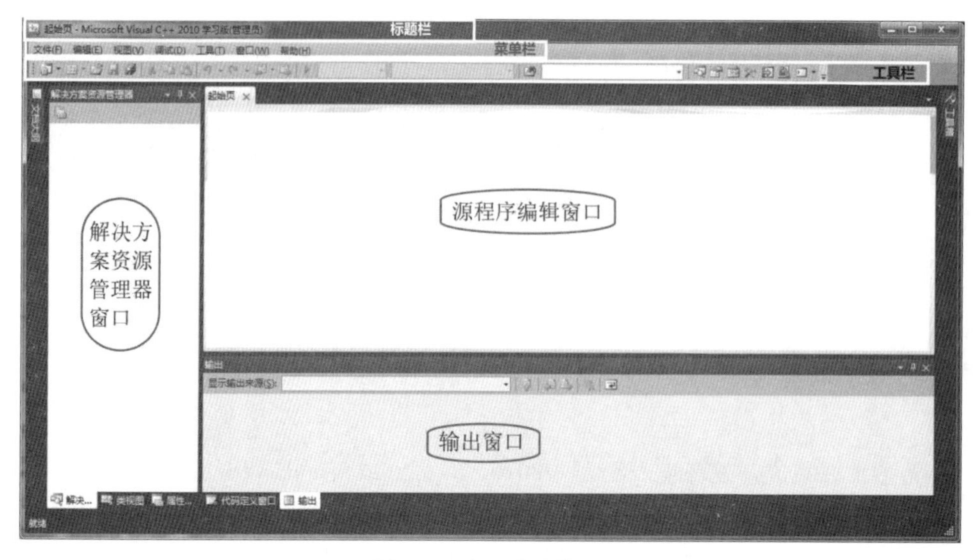

图 1.2 窗口功能描述

2. 新建一个项目

(1) 在菜单栏中打开“文件”菜单,选择“新建”命令,再选择“项目”,屏幕即出现如图 1.3 所示的“新建项目”窗口。

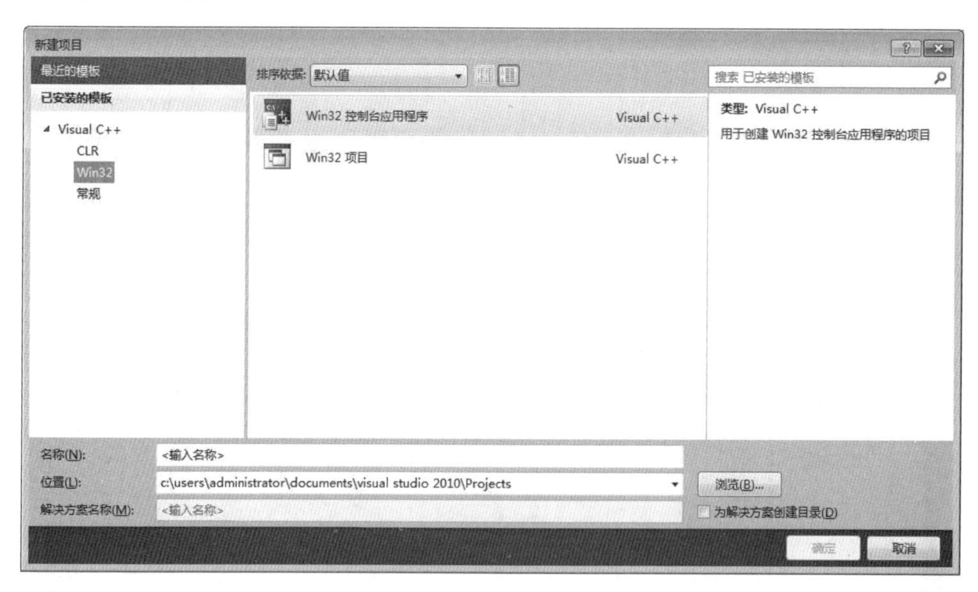

图 1.3 “新建项目”对话框

(2) “新建项目”对话框窗口中,在左边“已安装的模板”下选择“Win32”,在右边的子菜单中选择“Win32 控制台应用程序”,在下面的“名称”栏输入项目名称(例如 my),此时“解决方案名称”栏自动出现相同名称。在“位置”栏输入存放项目的文件夹,也可单击右侧的“浏览”按钮选择一个文件夹(文件夹必须已经存在),最后单击【确定】。此时出现“Win32 应用程序向导”对话框首页,如图 1.4 所示。

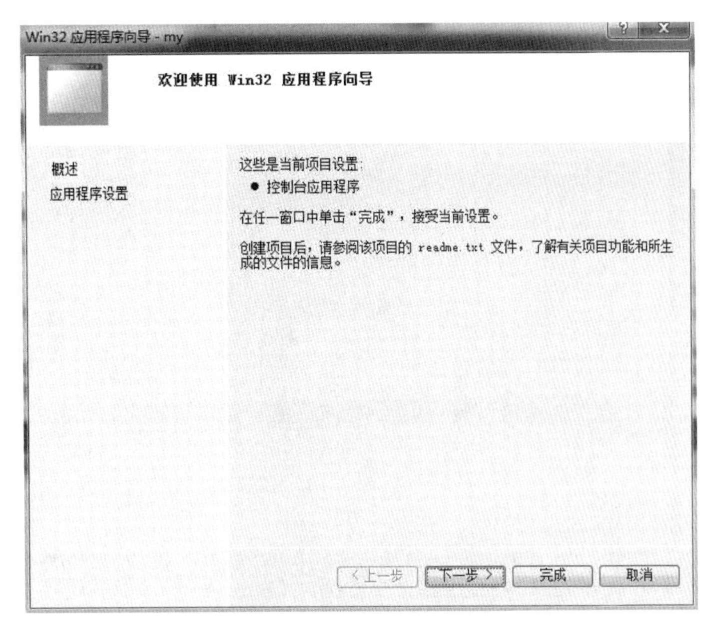

图 1.4　"Win32 应用程序向导"对话框首页

(3) 在"Win32 应用程序向导"对话框首页中,单击【下一步】按钮。打开"Win32 应用程序向导"对话框,如图 1.5 所示。

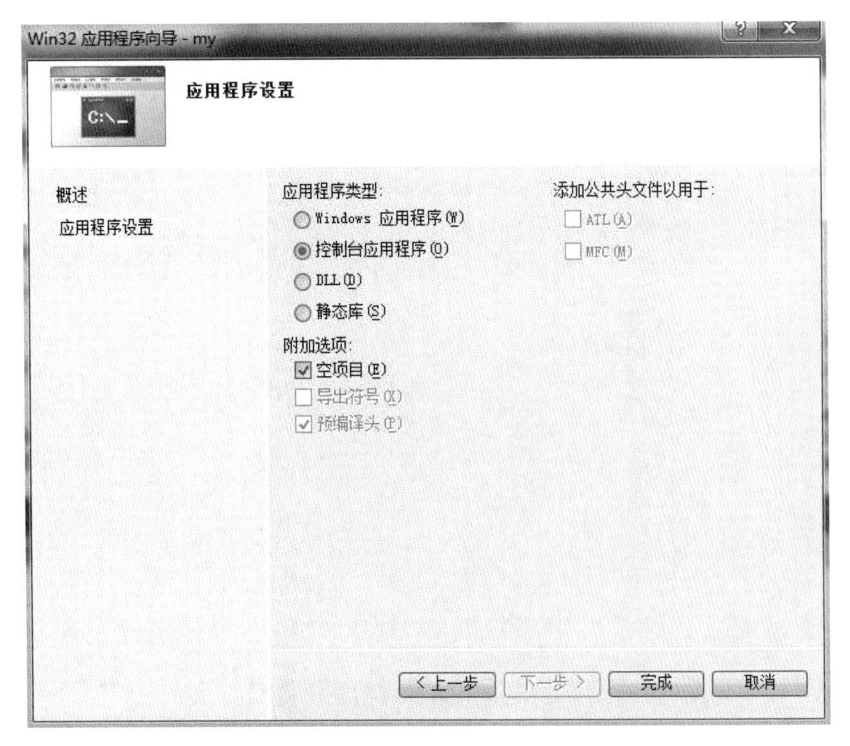

图 1.5　"Win32 应用程序向导"对话框次页

(4) 在该对话框右侧的"附加选项"下选中"空项目",然后单击【完成】按钮,此时出现如图 1.6 所示窗口。这样一个名为"my"的项目就创建好了。

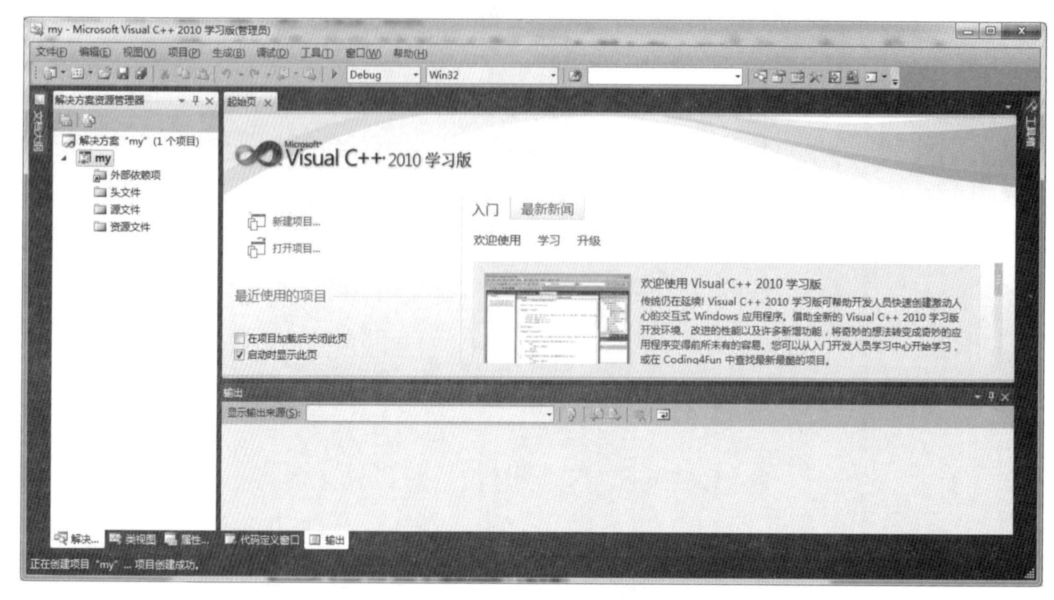

图 1.6 创建项目后的集成开发环境界面

3. 创建 C 源程序文件

(1) 在图 1.6 所示的集成开发环境窗口左边“解决方案资源管理器”里,右键单击“源文件”,在弹出的菜单中将鼠标移向【添加】,然后单击子菜单中的“新建项”,此时打开“添加新项”对话框,如图 1.7 所示。

图 1.7 “添加新项”对话框

(2) 在“添加新项”对话框的中间栏中选择“C++ 文件(. cpp)”,在对话框下方的“名称”栏中输入源程序的名称(例如 ex1_1. c),注意. c 一定要加,否则系统会默认文件为 C++ 文件，自动加上.cpp。然后单击【添加】按钮，此时出现如图 1.8 所示窗口。这样一个名为“ex1_1.c”的 C 源程序文件就创建成功了。

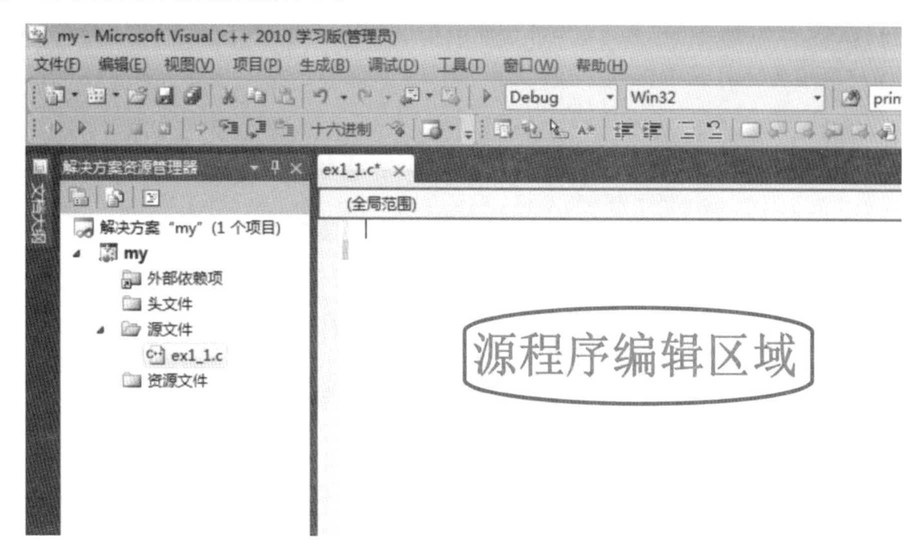

图 1.8　创建源文件 ex1_1.c 后的开发环境

4. 编辑 C 源程序文件

在图 1.8 的源程序编辑区域录入下列程序。

```
#include <stdio.h>
void main()
{
   printf("Hello,Welcome the student\n");
   printf("Study hard!\n You are the best!");
}
```

注意：源程序一定要在英文状态下输入，即字符标点都要在半角状态下，同时注意大小写，一般都用小写。

5. 编译、连接和运行

在 VC++2010 环境下选择菜单栏的“调试”子菜单下的“开始执行(不调试)”，便可实现 C 源程序进行不调试运行的操作。

或直接按组合键【Ctrl + F5】调试 C 源程序。如果没有语法错误则会在屏幕上显示程序运行结果，如图 1.9 所示。

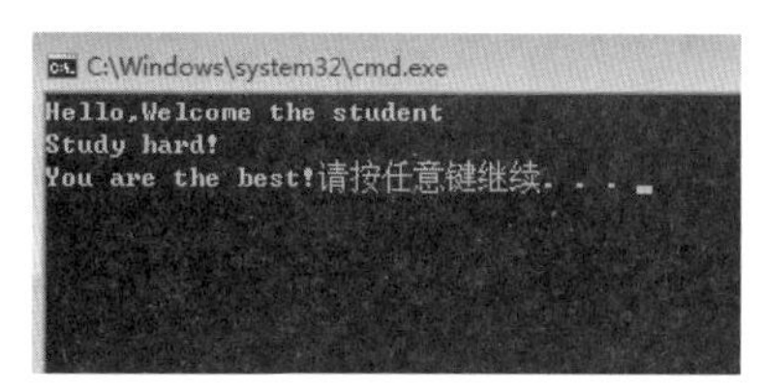

图 1.9　程序运行结果

若“调试”子菜单没有该子菜单，请参考下面的方法加以设置。

(1) 单击菜单栏中“工具”菜单中“自定义”子菜单，打开“自定义”对话本框。

(2) 在如图 1.10 所示的“自定义”对话框中单击“命令”标签，选择要重新排列的菜单或工具栏下的“菜单栏”，打开下拉式菜单，选择“调试”子菜单。

图 1.10 “自定义菜单栏”对话框

(3) 继续在“控件”窗口中单击“开始/继续”，然后再单击右侧【添加命令】按钮。

(4) 打开“添加命令”对话框，如图 1.11 所示。在左侧“类别”窗口中单击“调试”选项，在右侧命令窗口中选择“开始执行(不调试)”选项，然后单击【确定】按钮。

图 1.11 “添加命令”对话框

(5) 最后单击“自定义”对话框中右下的关闭按钮，即可完成菜单的添加。

C 源程序编译时，若有语法错误则会在屏幕下方的输出窗口显示相关信息，如图 1.12 所示：

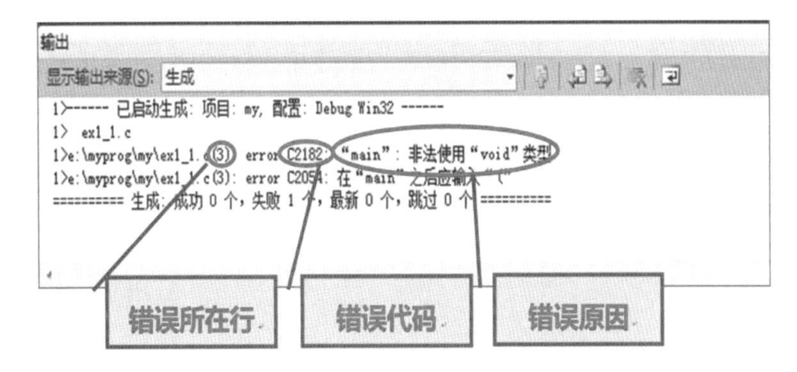

图1.12　语法错误时输出窗口显示的信息

在有的机器环境下，运行程序时会在输出窗口显示如下的链接错误：

LINK：fatal error LNK1123：转换COFF期间失败：文件无效或损坏

若出现此错误请用下面的方法解决：

在"项目"菜单中单击最下边的"×××属性"命令，屏幕显示"×××属性页"对话框（×××为用户新建项目的名称），如图1.13所示。

在左边的"配置"窗口中选中"配置属性"下的"链接器"，在右边的平台窗口中选中"启用增量链接"，通过右侧的下拉列表将"是(/INCREMENTAL)"改为"否(/INCREMENTAL：NO)"，然后单击"确定"按钮。

图1.13　"属性页"对话框

当程序调试、运行成功后如要继续第二个程序的编辑，要重新建立新的项目，重复上述步骤。若新建项目后，解决方案资源管理器窗口或输出窗口关闭，可选择“窗口”菜单中的“重置窗口布局”子菜单。

1.3 实验内容

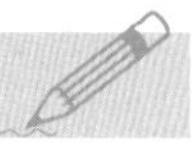

1. 初试牛刀

【1.1】 按实验指导步骤录入并运行下列程序，观察其运行结果。

```
#include <stdio.h>
void main( )
{
  printf("This is my first program!");
  printf("\n");
  printf("Study hard!");
}
```

【1.2】 按实验指导步骤录入并运行下列程序，观察其运行结果。

```
#define  PI  3.1415927
#include<stdio.h>
void main( )
{
  float area,r;
  r=4.0;
  area=2 * PI * r * r;
  printf("\n the area of yuan is %f\n",area);
}
```

【1.3】 按实验指导步骤录入并运行下列程序，观察其运行结果。

```
#include <stdio.h>
void main( )
{
  int i,j;
  for(i=1;i<=9;i++)
  {
    for(j=1;j<=i;j++)
      printf("%d * %d=%d",j,i,i * j);
    printf("\n");
  }
}
```

【1.4】 按实验指导步骤录入并运行下列程序，观察其运行结果。

```
#include <stdio.h>
void main( )
```

```
{
  printf("\n");
  printf(" ******** \n");
  printf("   *          * \n");
  printf("   *          * \n");
  printf("    *          * \n");
  printf("      ********* \n");
}
```

【1.5】 编写 C 语言程序,使其程序运行后输出下列图案。

【1.6】 录入下列有错误的程序,观察并阅读错误信息,并改正错误,调试该程序直至正确运行为止。下列程序实现的功能是求两个整数 12 与 34 的和。

```
#include <stdio.h>
void main( )
{
  int a,b,c;
  a=12
  b=34
  c=a+b;
  print("%d",c);
}
```

2. 编程小结

编程时可能会出现各种错误,程序设计中出现的错误大致可分成四类:

(1) 编译错误

源程序编译时主要是对源程序进行词法分析和语法分析,常称为检查语法错误。如不符合规定的语句格式、数据类型说明与使用不一致、不正确的分隔符或符号以及不完整语句结构等。

(2) 连接错误

连接用来把要执行的程序与库文件或其他已经翻译好的子程序,连接在一起,形成机器能执行的程序。如函数名书写错误、缺少包含文件或包含文件的路径错误等。

(3) 运行错误

所谓运行期,即程序在编译连接后产生可执行文件后,执行该文件。所以,运行期错误指可执行程序执行过程中发现的错误。如在计算过程中遇到了除数为零的错误、求一个负数的平方根等。编译系统发现这类错误后,如无特殊指示通常会告知一些适当信息,然后立即停止程序的执行。当然,为阻止这类错误的出现,程序设计者可在程序中编入一些由自己来检查这类错误的程序段，这可能更适合自己的处理要求。

(4) 逻辑错误

程序运行后，其结果与问题的结论有偏差，即没有得到预期的结果，如表达式出错、运算符出错或算法出现等。编译器在编译时，无法检测这类错误，也不会对这类错误提示错误信息，因此逻辑错误比较难排查。

(5) 警告错误

警告错误是在经过编译器检查后没有出现语法错误，但在程序中有些代码编写不是非常恰当，虽不会影响程序编译，但在少数情况下会影响程序运行。如源程序中发现一个已定义但从未使用过的变量、函数参数的数据类型说明不一致等，这类错误从语法上讲是正确的，因此一般不会停止编译，在大多数情况下不会阻止目标程序与可执行程序的生成、连接和运行。但是对这类错误不应掉以轻心，应仔细检查程序，这往往存在着某种潜在的运行错误。

C语言程序设计的学习是循序渐进的过程，程序设计中熟悉和看懂错误提示信息是非常必要的。因此在学习程序设计时，须不断地掌握错误提示信息的含义。

1.4 实训练习

1. 下面关于算法的叙述中，不正确的是______。
   A. 算法是指一系列解决问题的指令
   B. 算法的执行效率与数据的存储结构无关
   C. 数据结构是数据存储类型和数据组织形式
   D. 程序设计的目的就是设计能使计算机解决问题的指令代码
2. 算法的有穷性是指______。
   A. 算法程序的运行时间是有限的
   B. 算法程序所处理的数据量是有限的
   C. 算法程序的长度是有限的
   D. 算法只能被有限的用户使用
3. 在Visual C++ 2010学习版集成开发环境中，按组合键 ______可实现编译连接调试。
   A. Shift + F11　　B. Ctrl + F11　　C. Shift + F5　　D. Ctrl + F5
4. C语言源程序的主函数名为______。
   A. main　　B. Main　　C. 用户自行定义　　D. void main
5. 系统默认的C语言源程序扩展名为.c，需经过______之后，生成.exe文件，才能运行。
   A. 编辑、编译　　B. 编辑、连接　　C. 编译、连接　　D. 编辑、改错
6. 以下叙述中正确的是______。
   A. C语言比其他语言都难，所以逐步被python语言所替代
   B. C语言可以不用编译就能被计算机识别执行
   C. C语言的原型是ALGOL60

D. C 语言出现的最晚，具有其他语言的一切优点

7. 计算机程序设计语言包括______三类语言。

A. 机器语言、解释语言、高级语言　　B. 汇编语言、编译语言、高级语言

C. 机器语言、编译语言、解释语言　　D. 机器语言、汇编语言、高级语言

8. 传统流程图就是借助于图形符号、流程线以及文字说明来表示算法的一种形式，用来表示数据输入/输出操作的图形是 ______。

A. 矩形　　B. 平行四边形　　C. 圆形　　D. 菱形

9. 传统流程图就是借助于图形符号、流程线以及文字说明来表示算法的一种形式，用来表示判断操作的图形是______。

A. 矩形　　B. 平行四边形　　C. 圆形　　D. 菱形

10. 以下叙述中不正确的是______。

A. 函数是 C 程序的基本组成单位，所以一个 C 程序必须由多个函数组成

B. C 语句必须以分号结尾

C. C 程序自定义函数的函数体必须用一对花括号{ }括起来

D. C 语言程序常以"/*"开头，以"*/"结尾的文本作为注释

11. 计算机能识别的语言______。

A. 高级语言　　B. C 语言　　C. 机器语言　　D. 汇编语言

12. 以下叙述中错误的是______。

A. C 语言程序的三种基本结构是顺序结构、选择结构、循环结构

B. C 语言是一种结构化程序设计语言

C. 结构化程序使用 GOTO 语句会很便捷

D. 3 种基本结构构成的程序可以解决所有问题

13. 计算机能直接执行的程序是______。

A. C 源程序　　B. 目标程序　　C. 汇编程序　　D. 可执行程序

14. C 语言源程序文件的扩展名是______。

A. .c　　B. .exe　　C. .cpp　　D. .obj

15. 以下叙述中错误的是______。

A. C 语言程序可以由一个或多个函数组成

B. 编写一个 C 程序时，只能采用一个算法

C. C 程序可以由多个程序文件组成

D. 一个 C 函数可以单独作为一个 C 程序文件

【微信扫码】

习题解答&相关源程序

实验2　顺序结构程序设计

2.1　实验要求

1. 掌握程序设计的基本思想。
2. 熟练掌握C语言基本数据类型(int,long,float,double,char)的说明。
3. 掌握基本运算符及表达式,尤其是算术表达式在实际问题中的应用。
4. 掌握符号常量的正确使用。
5. 掌握格式输入函数 scanf 并能灵活应用。
6. 掌握格式输出函数 printf 并能灵活应用。
7. 了解常用的数学函数以及数学函数的头文件。
8. 必须掌握的算法:① 两数的交换;② 拆数法;③ 大小写字母的转换。
9. 编写程序的文件名均采用 ex2_题号.c 的形式命名,如【2.1】程序文件名为 ex2_1.c。

2.2　实验指导

1. 程序设计的基本思想

C语言采用结构化程序设计的思想。结构化程序设计包括三大结构:顺序结构、选择结构和循环结构。

程序设计的基本思想是:

(1) 分析问题:理解题意,提出问题。

(2) 建立模型:寻找解决问题的有效方法或直接公式。

(3) 算法设计:算法的好坏直接影响着程序的可读性、通用性、有效性。

(4) 编写程序:用C语言代码编写程序。

(5) 调试程序:若结果正确,结束;否则检查程序,修改程序,重新调试程序。依次类推,直到调试结果正确为止。

程序设计的核心是算法,学习程序设计的过程也是算法积累的过程。

算法是在有限步骤内求解某一问题所使用的基本运算,及规定的运算顺序所构成的完整解题步骤,又称为计算机解题的过程。

2. C 语言程序的结构

C 语言程序是由函数组成，函数是 C 语言程序设计的基础。C 语言程序是由一个且仅有一个主(main)函数和若干个子函数组成，子函数可有可无。

从一个简单的程序设计开始，学习主函数(main)的程序设计。

主函数(main)的程序设计的基本框架：

```
main()
{
  所需数据的数据类型定义说明;
  数据输入;
  算法或公式;
  数据输出;
}
```

数据类型描述了某种数据的特性，其表现形式是占据存储空间的多少以及构造特点等，不同的数据类型具有不同的取值范围和存储格式。

在程序设计中，先要对所需数据进行数据类型的定义说明，并提供算法或公式中部分变量的初始值，程序设计的最终目的是输出结果。

3. 数据的输入/输出

C 语言没有输入/输出语句，而是通过调用标准库函数提供的格式输入函数 scanf 和格式输出函数 printf 来实现数据的输入和输出。它们的函数原型包含在头文件 stdio. h 中。因此在源程序中使用这两个函数时通常在程序的头部加一条命令行，#include "stdio. h"或 #include <stdio. h>。

格式输入函数 scanf 的一般格式：

scanf("格式控制",地址表列)

格式输出函数 printf 的一般格式：

printf("格式控制",输出表列)

格式输入函数 scanf 和格式输出函数 printf 的第一个参数必须用双引号括起来，包括格式控制字符和普通字符，格式字符都是以"%"开头。无论是输入还是输出，不同的数据类型对应不同的格式说明字符，使用时必须统一，不能混用。也就是说，整型数据类型不能用实型格式字符，实型数据类型不能用整型格式字符等。

格式输出函数 printf 常用的格式字符说明见表 2-1 所示。

表 2-1 printf 常用的输出格式字符及用法

格式符	含 义	用 法
d	以十进制形式输出带符号整数(正数不输出符号)	%d：以整型数据的实际长度输出 %md：m 为输出数据指定所占有的宽度，若输出数据的实际长度小于 m，则在左端补空格，否则按数据的实际长度输出

（续表）

格式符	含　义	用　法
ld	以十进制形式输出带符号整数（正数不输出符号）	%ld：输出长整型数据 %mld：同上
o	以八进制无符号形式输出整数（不输出前导字符0）	%o：以整型数据的实际长度输出 %mo：同上
x/X	以十六进制无符号形式输出整数（不输出前导字符0x/0X）	%x或%X：以整型数据的实际长度输出 %mx或%mX：同上
f	以小数形式输出单、双精度实数	%f：整数部分整体输出，小数保留6位。不足6位后补0 %m.nf：输出的数据总长度为m，其中包括n位小数，若输出数据的实际长度小于m，则在左端补空格，否则按数据的实际长度输出
lf	以小数形式输出单、双精度实数	%lf：输出双精度，双精度也可按%f输出 %m.nlf：同上
c	以字符形式输出，只输出一个字符	%c：只输出一个字符 %mc：输出字符时在字符前补m−1个空格
s	输出字符串	%s：输出字符串　%ms；同上

格式输入函数scanf常用的格式字符说明见表2-2所示。

表2-2　scanf常用的格式字符及含义

格式符	含　义
d	用来输入有符号十进制整数
ld	用来输入有符号十进制长整型
o	用来输入无符号的八进制整数
x/X	用来输入无符号的十六进制整数
f	用来输入实型数（用小数形式或指数形式）
lf	用来输入双精度型实数
c	用来输入单个字符
s	用来输入字符串，将字符串送到一个字符数组中，在输入时以非空白字符开始，以第一个空白字符结束。字符串以串结束标志 '\0'作为最后一个字符

【例1】 输入两个整数和两个实数，分别求两整数之和与两实数之和（保留两位小数）。如输入3,4,3.4,5.61，输出形式为：3+4=7　3.40+5.61=9.01。

```
#include<stdio.h>
void main()
{
  int a,b,c;
```

```
    float x,y,z;
    scanf("%d%d%f%f",&a,&b,&x,&y);
    c=a+b;
    z=x+y;
    printf("%d+%d=%d",a,b,c);
    printf("%0.2f+%0.2f=%0.2f\n",x,y,z);
}
```

程序运行结果：

    3+4=7   3.40+5.61=9.01

要点：

(1) 格式输入函数 scanf 的格式控制中若不包含普通字符，则输入数据时至少用一个空格或 Tab 键，或回车键分隔，即输入 3　4　3.40　5.61；若包含普通字符时，普通字符需原样输入。如程序中的 scanf 函数改为：scanf("%d,%d,%f,%f",&a,&b,&x,&y)时，格式字符中的逗号就为普通字符。输入数据时数与数之间必须包含逗号，即输入 3,4,3.40,5.61。

(2) 格式输出函数 printf 的格式控制中若包含普通字符，则普通字符在输出时原样输出。如程序 printf 格式字符中的字符"+"和字符"="，都是普通字符，需要原样输出。

(3) 格式控制符%0.2f，其含义是输出浮点数时，小数点后仅保留 2 位数字，隐含四舍五入原则。

4. 符号常量的正确使用

用一个符号来表示一个常量，该符号称为符号常量。在 C 语言中，用编译预处理命令来定义符号常量。其定义一般格式为：

#define　标识符　常量

【例 2】 求底面半径为 4，高为 6 的圆锥的体积。

```
#define PI 3.14159                    /* 符号常量 PI 的说明与定义 */
#include <stdio.h>
void main()
{
    double v,r,h;                     /* 数据类型说明，说明 v,r,h 为双精度实型 */
    r=4;                              /* 数据输入，将 4 赋给 r */
    h=6;                              /* 数据输入，将 6 赋给 h */
    v=PI*r*r*h/3;                     /* 根据公式求体积 */
    printf("\n The volume:%lf",v);    /* 输出圆锥体积 */
}
```

程序运行结果：

    The volume:100.530880

要点：

(1) 这是一道解决数学问题的数值算法，采用公式求圆锥体积，体积公式为 $V=\frac{1}{3}\pi r^2 h$。

(2) 程序设计的要点是，变量使用前需先赋值，因此求面积之前必须先要给 r、h 赋值。

(3) 程序中涉及π时,π是常量,编写程序时要么用具体数代替,要么说明是符号常量。

(4) 算法或公式中涉及平方时,通常采用连乘的方法。

(5) 表达式中若有分式,注意表达式的正确书写形式,避免产生误差或结果出错。尤其是要注意算术运算符"除(/)"的运算规则。运算符除(/)的运算口诀:"整除整必得整"。

为避免结果出错,体积公式正确的书写形式为:

① V=1.0/3 * PI * r * r * h

② V=1/3.0 * PI * r * r * h

③ V=1.0/3.0 * PI * r * r * h

④ V=PI * r * r * h/3

(6) printf函数中格式控制符%lf,控制输出数据时默认6位小数,不足6位者补0。

5. 两数交换算法

实现两数交换,是程序设计中非常重要的算法,必须掌握。

算法思想:引入一个新变量,作为交换的中间媒介。假如待交换变量为 a 和 b,引入变量 c,作为中间变量。先将 a 的值赋给变量 c,再将 b 的值赋给 a,最后将 c 的值赋给 b,实现两数交换的表达式语句为:

c=a; a=b; b=c;

【例3】 从键盘上输入两个整数,分别存放于变量 a 和 b 中,然后将 a 与 b 中的数据交换。

```
#include <stdio.h>
void main()
{
  int a,b,c;
  scanf("%d%d",&a,&b);                /* 从键盘输入两个整数 */
  printf("a=%d b=%d\n",a,b);          /* 输出两个整数的初始值 */
  c=a;
  a=b;
  b=c;
  printf("a=%d b=%d\n",a,b);          /* 输出交换后的两个数 */
}
```

程序运行结果(从键盘输入3和34):

```
a=3     b=34
a=34    b=3
```

要点:

(1) 交换算法的三个表达式的顺序不能错位,即 c=a; a=b; b=c;

(2) 实现两数的交换还可以使用算术表达式来实现。a=a+b; b=a-b; a=a-b;

(3) printf函数中格式控制中的"\n",表示换行。

6. 拆数算法(将一个整数拆成各个位数上的数)

假设有 n 位数的整数,实现拆数的基本思想采用算术运算符除(/)或求余(%)运算。

常用算法(其中,n 表示整数的位数):

(1) 最高位采用该整数除以 10^{n-1};

(2) 次高位先去掉最高位,即该整数与 10^{n-1} 求余,然后求剩下数的最高位,依次类推。

(3) 最低位采用该整数与 10 求余。

【例 4】 从键盘上输入一个三位数的整数,求该数各个位数之和。如输入 583,求 5+8+3=?。

```
#include <stdio.h>
void main()
{
  int m,x,y,z,sum;
  scanf("%d",&m);              /*从键盘输入一个整数给变量*/
  z=m%10;                      /*求该数的个位数*/
  y=m%100/10;                  /*求该数的十位数*/
  x=m/100;                     /*求该数的百位数*/
  sum=x+y+z;
  printf("%d+%d+%d=%d\n",x,y,z,sum);
}
```

程序运行结果:

5+8+3=16

要点:

(1) 取中间位(十位)上的数的算法可采用多种算法实现。如方案一,先去掉最高位上的数,剩下两位数的整数 83,然后求 83 的最高位,即得十位数上的数,其表达式为:x%100/10;方案二,先去掉最低位上的数,剩下两位数的整数 58,然后求 58 的最低位,即得十位数上的数,其表达式为:x/10%10 等。

(2) 根据输出结果,理解 printf 函数的格式控制,格式控制符控制输出对象,加号与等号为普通字符原样输出。

7. 大小写英文字母的转换

一个字符数据存入字符变量中,实际上是将该字符相对应的 ASCII 码二进制形式存入存储单元中。

而英文字符的大写字母与小写字母的 ASCII 代码十进制值相差 32。由此,

小写字母转换为大写字母的表达式:c=c−32 或者 c=c−'a'+'A'。

大写字母转换为小写字母的表达式:c=c+32 或者 c=c+'a'−'A'。

【例 5】 将小写字母转换为大写字母,大写字母转换为小写字母。

```
#include <stdio.h>
void main()
{
  char c1='a',c2='B';
  printf("%c%c\n",c1,c2);         /*输出转换前的字符*/
  c1=c1-32;                       /*将小写转换为大写*/
  c2=c2+32;                       /*将大写转换为小写*/
```

```
    printf("%c%c\n",c1,c2);        /*输出转换后的字符*/
}
```

程序运行结果：

aB
Ab

要点：

(1) 字符输出格式符%c。

(2) 一个字符常量代表ASCII字符集中的一个字符，用单引号引起来，并且一个字符只占一个字节。

(3) 字符输入或输出时都不带单引号。

8. 常用的数学函数

C语言程序设计中数值算法常用到数学函数。在程序中调用数学函数时，需在源程序的头部加相应头文件math.h。即在主函数的上方加一条预处理命令。

```
#include <math.h>
```

常用的数学函数：求整型的绝对值函数abs()；求绝对值函数fabs()；求平方根函数sqrt()；求x的y次幂函数pow()；三角函数等。

2.3 实验内容

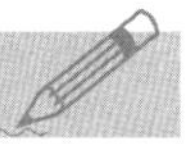

1. 夯实基础

【2.1】 编程实现，给定一个华氏温度 t_F，要求输出摄氏温度 t。温度转换公式为 $t=\frac{5}{9}(t_F-32)$，输出结果保留2位小数。

输入测试数据：41

程序运行结果：5.00

【2.2】 编程实现，计算数学表达式 $f=\sqrt{x^2+y^3}$ 的值，并保留3位小数。

输入测试数据：8　4(其中，x=8，y=4)

程序运行结果：f=11.314

【2.3】 编程实现，求半径为5的圆的面积(保留3位小数)。

程序运行结果：the area of yuan is 78.540

【2.4】 编程实现，从键盘输入四个正整数，求平均值。

输入测试数据：32　15　27　85

程序运行结果：39.750000

【2.5】 编程实现,从键盘上输入一个三位数的整数,求该数各个位数之积。

输入测试数据:234

程序运行结果:2 * 3 * 4=24

【2.6】 编程实现,从键盘输入一个小写字母,然后将其转换为大写字母并输出。

输入测试数据:q

程序运行结果:Q

2. 应用提高

【2.7】 数据加密。输入一个 4 位数,加密后输出。其方法是将该数每一位上的数字加 9,然后再除以 10 取余,作为该位上的新数字,最后将第 1 位和第 3 位上的数字互换,第 2 位和第 4 位上的数字互换,组成加密后的新数。

输入测试数据:3845

程序运行结果:The encrypted number is 3427

【2.8】 编程实现,从键盘输入两个整数,计算它们的和、差、积和商并输出。

输入测试数据: 5 3

程序运行结果: 5+3=8
5-3=2
5 * 3=15
5/3=1.666667

2.4 实训练习

(一) 选择题

1. 下列选项中,不属于 C 语言数据类型的是______。

A. short int　　B. char　　C. float　　D. string

2. 在同一表达式中各数据的类型不同,编译时程序会自动转换为同一类型,然后再进行计算,类型转换的优先级为______。

A. char<int<float<double　　即左边"低"的类型向右边"高"类型转换
B. char>int>float>double　　即右边"高"的类型向左边"低"类型转换
C. int<char<float<double　　即左边"低"的类型向右边"高"类型转换
D. int>char>float>double　　即右边"高"的类型向左边"低"类型转换

3. 下列表示中,不能用作 C 语言整型常量的是______。

A. 123　　B. 3458UL　　C. 0x2ae　　D. 0378

4. 下列表示中,不能用作C语言实型常量是______。

A. 2.1E-7　　B. 0.86　　C. 12.23×10^2　　D. 568e2

5. 下列表示中,是C语言合法转义字符的是______。

A. '\018'　　B. '\\'　　C. '\A'　　D. '\0x18'

6. 下列选项中,能用作C语言字符常量是______。

A. A　　B. "A"　　C. 'A'　　D. '\\A'

7. 表达式 3.5－5/2＋5%3 的值是______。

A. 4.1　　B. 3.5　　C. 3　　D. 3.0

8. 若有说明 int a,b;,则计算表达式 b＝(a＝3 * 5,a * 2),a＋5;后,a,b 的值是______。

A. 15 30　　B. 20 30　　C. 15 20　　D. 20 20

9. 在C语言中,要求操作数必须是整型的算术运算符是______。

A. /　　B. %　　C. ＋　　D. *

10. 下列选项中能用作C语言合法用户标识符的是______。

A. 2A　　B. int　　C. a_798　　D. float

11. 已有定义 int m＝6;,则执行语句 m＋＝m *＝m/＝2;后,m 的值为______。

A. 49　　B. 18　　C. 7　　D. 7.5

12. 下列定义变量的选项中,语句错误的是______。

A. int _float　　B. float　2ab　　C. char　Char　　D. float ab

13. 字符数据是单个的字符,采用______进行存储。

A. ASCII 码　　B. BCD 码　　C. Unicode 码　　D. 字符

14. 下列选项中,能表示换行字符的是______。

A. Enter　　B. '\n'　　C. '\r'　　D. Esc

15. 若已有声明 char a; int b; float c;, 则表达式 a＋b－c 值为______类型。

A. float　　B. int　　C. char　　D. double

16. 若已有声明 int a; float b;, 则表达式 a/2.0＋b 值为______类型。

A. float　　B. int　　C. char　　D. double

17. 下列不合法的常量描述是______。

A. 2024.2F　　B. 3.14E＋2f　　C. 22.3　　D. 2.63L

18. 已有定义 int a,b;float x;则执行语句"x＝(a＝3,b＝a－－),a＋＋;"后,x、a、b 的值分别为______。

A. 3,3,3　　B. 3.0,3,3　　C. 3.0,2,3　　D. 2.0,3,2

19. 已有定义 int a,b＝4;,以下合法的C语言赋值语句是______。

A. a＝b>5;　　B. a＝b＋1＝4;　　C. a＋b＝3;　　D. a＝b%2.5;

20. 已有定义 int a＝2,b＝5,c;,执行语句 c＝a%b＋a/b＋1/2;,c 的值为______。

A. 2　　B. 2.5　　C. 2.9　　D. 3

21. 表达式((double)9/2)－9%(int)2.5)的值是______。

A. 表达式有错　　B. 3.5　　C. 3　　D. 3.0

22. 下列选项中,正确的定义语句是______。

A. int,a,b　　B. double a＝b＝7

C. double a,float b　　D. double a=7,b=7

23. 有以下程序：

```
#include <stdio.h>
int main( )
{
  int a=1,b=0;
  printf("%d," ,b=a+b);
  printf("%d\n",a=2 * b);
  return 0;
}
```
程序运行后的输出结果是______。

A. 1,2　　B. 1,0　　C. 3,2　　D. 0,0

24. 有以下程序：

```
#include <stdio.h>
int main( )
{
  char a='2',b='2',d;
  d=a+b;
  printf("%c\n",d);
  return 0;
}
```
程序运行后的输出结果是______。

A. 4　　B. '4'　　C. 100　　D. d

25. 有以下程序：

```
#include <stdio.h>
int main( )
{
  int  a=11,b,c;
  c=a++;
  b=a+1;
  printf("%d %d %d\n",a,b,c);
  return 0;
}
```
程序运行后的输出结果是______。

A. 12 13 12　　B. 12 13 11　　C. 11 12 11　　D. 11 12 12

26. 有以下程序：

```
#include <stdio.h>
int main( )
{
  char c1,c2,c3,c4;
  c1=getchar( );
  c2=getchar( );
  scanf("%c%c",&c3,&c4);
  printf("%c,%c",c1,c4);
  return 0;
}
```
程序运行后，若从键盘输入 12<回车>34<回车>，则输出结果是______。

A. 1,4　　B. 1,3　　C. 1 4　　D. 1 3

27. 有以下程序：

```
#include <stdio.h>
int main()
{
   char a='D',b;
   b=a+32;
   printf("%c,%d",b-2,b);
   return 0;
}
```
程序运行后的输出结果是______。

A. b,100　　B. B,32　　C. B,100　　D. b,32

28. 有以下程序：

```
#include <stdio.h>
int main()
{
   int a,b,c;
   a=b=2;
   c=a++,++b;
   printf("%d,%d,%d",a,b,c);
   return 0;
}
```
程序运行后的输出结果是______。

A. 3,3,3　　B. 2,3,2　　C. 3,3,2　　D. 3,2,2

29. 有以下程序：

```
#include <stdio.h>
int main()
{
   int a=11,b=0;
   b=a%3;
   printf("a+b=%d",a+b);
   return 0;
}
```
程序运行后的输出结果是______。

A. 11+3=14　　B. a+b=13　　C. 13　　D. a+b=14

30. 有以下程序：

```
#include <stdio.h>
int main()
{
   char a='a';
   int b=2;
   printf(a>b?"*a=%d*":"#b=%d#",a,b);
   return 0;
}
```
程序运行后的输出结果是______。

A. 程序有错　　B. #b=2#

C. *a=97*#b=2#　　D. *a=97*

（二）程序填空

1. 下列程序的功能是，将输入的一个小写字母转换为大写字母后输出。如输入字符'a'，转换为'A'后输出。

```
#include <stdio.h>
int main( )
{
    char ch1;                /* 定义变量 ch1，存放输入的小写字母 */
    ____①____;              /* 定义变量 ch2，存放转换后的大写字母 */
    printf("请输入一个小写字母:");
    scanf("%c",&ch1);
    ch2=____②____;
    printf("%c 转换为大写字母为:%c\n",ch1,ch2);
    return 0;
}
```

2. 下列程序的功能是，从键盘输入任意的两个整数，求两整数的和。

```
#include <stdio.h>
int main( )
{
    int m,n,sum;
    printf("请输入两个整数:");
    scanf("%d%d",____③____);
    sum=m+n;                //求和
    printf("%d+%d=%d\n",m,____④____);
    return 0;
}
```

3. 下列程序的功能是，从键盘输入任意的一个三位整数，并求各个位数上的和。如输入 468，输出 4+6+8=18。

```
#include <stdio.h>
int main( )
{
    int m,ge,shi,bai,sum;
    printf("请输入一个三位整数:");
    scanf("%d",&m);                //输入一个三位数 m
    ge=____⑤____;                  //求个位数
    shi=____⑥____;                 //求十位数
    bai=m/100;                     //求百位数
    sum=____⑦____;                 //求和
    printf("%d+%d+%d=%d\n",ge,shi,bai,sum);
    return 0;
}
```

4. 下列程序的功能是，交换两个变量的值。即从键盘上输入两个字符，分别存放在变量 ch1 和 ch2 中，然后将 ch1 与 ch2 中的数据交换后输出。

```
#include <stdio.h>
int main()
{
  char ch1,ch2,temp;
  printf("请输入两个字符,字符与字符间不得有空格\n");
  scanf("%c%c",&ch1,&ch2);              //从键盘输入两个字符
  printf("原字符为:%c %c\n",ch1,ch2);
_____⑧_____=ch1;
_____⑨_____;
_____⑩_____=temp;
  printf("交换后的字符:%c %c\n",ch1,ch2);
  return 0;
}
```

(三) 阅读程序写结果

1. 阅读下列程序，程序运行时如何正确输入数据，使变量 *a* 与 *b* 分别获得 4 和 5？

```
#include <stdio.h>
void main()
{
  int a,b;
  scanf("%d,%d",&a,&b);
  printf("a=%d b=%d",a,b);
}
```

2. 阅读下列程序，当输入数据：12A56 时，写出程序的运行结果。

```
#include <stdio.h>
void main()
{
  int a,b;
  char ch;
  scanf("%d%c%d",&a,&ch,&b);
  printf("a=%d,ch=%c,b=%d",a,ch,b);
}
```

3. 阅读下列程序，写出程序的运行结果。

```
#include<stdio.h>
void main()
{
  int a=97,b;
  char c1,c2;
  c1=a;
  b=c1 * 3;
```

```
  c2=c1++;
  printf("%d,%d,%c,%c",a,b,c1,c2);
}
```

4. 阅读下列程序,写出程序的运行结果。

```
#include <stdio.h>
void main()
{
  int a,b,c;
  a=0123;
  b=0x123;
  c=123;
  printf("%d %d %d\n",a,b,c);
}
```

5. 阅读下列程序,写出程序的运行结果。

```
#include<stdio.h>
void main()
{
  float a,b;
  a=5/4;
  b=5.0/4;
  printf("%0.3f,%0.3f",a,b);
}
```

【微信扫码】

习题解答&相关源程序

实验3　选择结构程序设计

3.1　实验要求

1. 掌握关系表达式和逻辑表达式的正确应用。
2. 掌握 if 语句,if-else 语句,if 语句嵌套的编程方法。
3. 熟悉 switch 语句的编程方法和执行特点。
4. 掌握相关的算法(判断数的奇偶,整数的整除,分段函数的求解,成绩的转换等)。
5. 编写程序的文件名均采用以 ex3_题号.c 的形式命名,如【3.1】程序文件名为 ex3_1.c。

3.2　实验指导

1. 选择结构

在解决实际问题时,多数情况都需要根据给定的条件来决定所做的事情。在 C 语言程序设计的问题求解过程中,由于某种条件的约束产生分支时,采用分支结构实现,分支结构也称为选择结构。

C 语言程序设计中实现选择结构的语句有:

(1) if 语句　　　　实现简单分支结构;

(2) if-else 语句　　实现双分支结构;

(3) if-else-if 语句　实现多分支结构;

(4) switch 语句　　实现多分支结构。

程序设计中,根据问题的条件选择适当的执行语句。选择结构的程序设计除了选择适当的语句外,另一关键问题是如何设计条件表达式(条件表达式可以是任意表达式)。

2. 字符数据的相关知识

一个字符数据在内存中存储时,实际上是将该字符相对应的 ASCII 码值存入存储单元。字符数据的存储形式与整数的存储形式类似。因此,字符型数据与整数型数据在一定范围内可以通用,一个字符数据既可以以字符形式输出(输出格式控制符%c),又可以以整数形式输出(输出格式控制符%d),并且字符数据也可以参与各种运算。

当进行大小写字母的转换时,首先要判断一个字符是属于哪一类的字符,判断方法可根据其字符数据的 ASCII 码值进行。

若有说明 char c，判断字符变量 c 是属于哪一类字符的表达式为：

属于小写字母的表达式：'a'<=c&&c<='z'或者 97<=c&&c<=122；

属于大写字母的表达式：'A'<=c&&c<='Z'或者 65<=c&&c<=90；

属于数值字符的表达式：'0'<=c&&c<='9'或者 48<=c&&c<=57。

进行英文字母大小写转换时，同样是依据 ASCII 码表中大写字母与相应的小写字母的数值变化规律。

小写字母转换为大写字母：c=c－32，或者 c=c－'a'＋'A'；

大写字母转换为小写字母：c=c＋32，或者 c=c＋'a'－'A'。

【例 1】 从键盘输入一个字符型数据，若输入小写字符，将其转换成大写字符输出，同时输出该字符的 ASCII 码值；否则，输出“data error”。

```
#include <stdio.h>
void main( )
{
   char c;
   scanf("%c", &c);
   if('a'<=c&&c<='z')
   {
     c=c-32;                              /* 小写字母转换为大写字母 */
     printf("%c, %d\n", c, c);            /* %c,按字符形式输出;%d,输出 c 的 ASCII 值 */
   }
   else
     printf("data error\n");
}
```

第一次运行程序

输入测试数据：a

程序运行结果：A，65

第二次运行程序

输入测试数据：A

程序运行结果：data error

要点：

(1) if-else 语句实现双分支结构，当条件表达式的值为非零值(为真)，则执行 if 块语句，否则执行 else 块语句。无论是 if 块语句还是 else 块语句，由超过两条(包括两条)以上的语句组成，必须用花括号“{　}”括起来，组合成一条复合语句。

(2) 条件表达式可以是包括常量、单变量和表达式等的任意表达式。

(3) 任意字符输出时，格式控制符为“%c”以字符形式输出；格式控制符为“%d”以字符的 ASCII 码值(数值)输出。

3. 判断整数 *m* 能否被整数 *n* 整除

算术运算符包括：＋(加法)、－(减法)、*(乘法)、/(除法)、%(求余或模运算)。

除法运算符“/”是计算两个数的商，求余运算符%是计算两个整数的余数。判断任意两个整数能否整除，只要考虑两个整数求余后，余数是否为零。

m 能被 n 整除的表达式：m%n==0

【例 2】 从键盘输入两个整数 m，n(假设输入的数 $m>0$，$n>0$)，判断 m 能否被 n 整除，若能则输出 m 和 n，否则输出 m 与 n 的余数。

```
#include <stdio.h>
void main()
{
  int m,n;
  printf("Input 2 number m&n:");          /*这是一条提示信息,提示输入两个数*/
  scanf("%d%d",&m,&n);
  if(m%n==0)                               /*判断 m 能否被 n 整除*/
      printf("m=%d,n=%d",m,n);
  else
      printf("%d",m%n);                    /*输出整数 m 与 n 的余数*/
}
```

第一次运行程序

输入测试数据：21 7

程序运行结果：m=21，n=7

第二次运行程序

输入测试数据：23 6

程序运行结果：5

要点：

(1) 如何判断一个数是偶数还是奇数？只需考虑 m 能否被 2 整除，若能整除则 m 是偶数，不能整除则 m 是奇数。

判断一个整数是偶数的表达式为：m%2==0 或 m%2!=1。

判断一个整数是奇数的表达式为：m%2!=0 或 m%2==1。

(2) 注意一个等号"="与双等号"=="的区别。

一个等号称为赋值号，若 a=5，是赋值表达式，即将 5 赋给 a。双等号为关系运算符"等号"，若a==5，是关系表达式，即判断变量 a 的值与整数 5 是否相等。

(3) 求余运算符"%"对两边的操作数有严格的要求，两边的操作数必须是整型类型，换句话说，只能对整数求余。

4. if-else 语句的嵌套

if-else 语句嵌套实现多分支结构，嵌套的形式多种多样，无论如何嵌套，else 子句与 if 子句的匹配原则总是从最内层开始，即 else 与在它上面最近的，且尚未曾配对的 if 配对，else 无二义性。

if-else 语句的嵌套不影响 if 语句的独立性，嵌套使用比较灵活，嵌套层次对应时内层的语句要被完整地包含在外层的语句之内。

【例 3】 输入 x 的值求分段函数 y 的值。

$$y=\begin{cases} x & , \quad x<1 \\ 2x-1 & , \quad 1\leqslant x\leqslant 10 \\ 3x-11 & , \quad x>10 \end{cases}$$

```
#include <stdio.h>
void main()
{
  float x,y;
  scanf("%f",&x);
  if(x<1)
    y=x;
  else
      if(x<=10)                    /* 该 if-else 语句嵌套在上一个 if-else 的 else 中 */
          y=2*x-1;
      else
          y=3*x-11;
  printf("x=%0.2f,y=%0.2f",x,y);
}
```

第一次运行程序

　　输入测试数据：-3

　　程序运行结果：x=-3.00,y=-3.00

第二次运行程序

　　输入测试数据：7

　　程序运行结果：x=7.00,y=13.00

第三次运行程序

　　输入测试数据：13

　　程序运行结果：x=13.00,y=28.00

要点：

(1) 编程的方法并非唯一。

(2) 正确使用逻辑运算符，逻辑与(&&)和逻辑或(||)。如，数学表达式 $1\leqslant x\leqslant 10$，写成合法的 C 语言表达式，1<=x&&x<=10；数学表达式 $x\leqslant -1$ 或 $x\geqslant 1$，写成合法的 C 语言表达式，x<=-1||x>=1。

5. switch 语句

通常情况下，采用 switch 语句实现多分支结构时，需与 break 语句结合，但该语句的一般格式中是不包含 break 语句的。

switch 的一般格式：

```
switch(表达式)
{
  case 常量表达式 1:  语句 1
  case 常量表达式 2:  语句 2
```

```
    …
  case 常量表达式 n:  语句 n
  default       :  语句 n+1
}
```

switch 语句中的表达式的值,通常情况下为整型值或字符型值。若为实型值时自动取整,而 case 后的各常量表达式的值是整型或字符型,且必须互不相同,否则会出现错误。default 子句也可以省略,default 子句与 case 子句的位置可以随意调整。

switch 语句的执行过程,先计算 switch 语句括号里表达式的值,用此值依次与各个 case 子句后面的常量表达式的值比较,当表达式的值与某个 case 子句后面的常量表达式的值相同时,就从这个 case 子句后面的语句开始执行,随后不再与下面的 case 子句进行比较,而是顺序向下依次执行所有的语句,直至 switch 语句结束。

【例 4】 利用 switch 语句将一个百分制成绩转换为五分制成绩。转换原则,当成绩大于或等于 90 分为 A;小于 90 分且大于等于 80 分为 B;小于 80 分且大于等于 70 分为 C;小于 70 分且大于等于 60 分为 D;小于 60 分为 E。

```
#include <stdio.h>
void main( )
{
  int score, grade;
  printf("Input a score(0~100):");
  scanf("%d", &score);
  grade=score/10;                    /* 去掉成绩的个位数 */
  switch (grade)
  {
    case 10:
    case 9: printf("A\n"); break;
    case 8: printf("B\n"); break;
    case 7: printf("C\n"); break;
    case 6: printf("D\n"); break;
    case 5:
    case 4:
    case 3:
    case 2:
    case 1:
    case 0: printf("E\n"); break;
    default: printf("The score is out of range!\n");
  }
}
```

第一次运行程序

输入测试数据:82

程序运行结果:B

第二次运行程序

输入测试数据:45

程序运行结果:E

要点：

(1) case 子句后一定是常量，不能写成关系表达式或逻辑表达式的形式。

(2) case 子句后可以不存在任何语句，对于60分以下分数，无论选择哪个 case 子句，都按顺序依次执行以下的语句的执行特点，即执行 case 0 后的语句，输出 E。

(3) default 子句可有可无，这里只是当数据不合法时，输出成绩超出范围的提供信息。

3.3 实验内容

1. 夯实基础

【3.1】 编程实现，从键盘输入任意两个整数 m，n（假设 $m>0$，$n>0$），判断 m 能否被 n 整除，若能则输出 m 与 n 的值，否则继续分别判断两个数的奇偶性，奇数输出“Odd”，偶数输出“Even”。

第一次运行程序

输入测试数据：49　4

程序运行结果：49：Odd

4：Even

第二次运行程序

输入测试数据：24　8

程序运行结果：24　8

【3.2】 编程实现，从键盘输入任意两个英文字符，输出较大的字符。

输入测试数据：aH

程序运行结果：a

【3.3】 编程实现，从键盘输入一个字符型数据，若是大写字母，则转换为小写字母输出；若是小写字母，则转换为大写字母输出；若是数字字符，输出其 ASCII 码值。

第一次运行程序

输入测试数据：B

程序运行结果：b

第二次运行程序

输入测试数据：b

程序运行结果：B

第三次运行程序

输入测试数据：4

程序运行结果：52

【3.4】 编程实现,判断某一年是否为闰年。

【提示】 判断某一年是否为闰年的条件,是这一年的年份能被 4 整除但不能被 100 整除或者能被 400 整除。

第一次运行程序

输入测试数据:2015

程序运行结果:2015 is not a leap year

第二次运行程序

输入测试数据:2016

程序运行结果:2016 is a leap year

【3.5】 编程实现,从键盘输入任意的一个英文字符,若该字符在字符 E 到 V 或从 e 到 v 之间,将其转换为该字符的第 4 个字符,并输出;若不在此范围内,输出该字符的 ASCII 码值。

第一次运行程序

输入测试数据:g

程序运行结果:k

第二次运行程序

输入测试数据:G

程序运行结果:K

第三次运行程序

输入测试数据:b

程序运行结果:98

【3.6】 编程实现,求函数 $y=\begin{cases}4x+3, & x<0;\\ x+3, & 0\leqslant x\leqslant 2;\\ -x+5, & x>2\end{cases}$ 的值。

第一次运行程序

输入测试数据:-1

程序运行结果:x=-1.00,y=-1.00

第二次运行程序

输入测试数据:1

程序运行结果:x=1.00,y=4.00

第三次运行程序

输入测试数据:4

程序运行结果:x=4.00,y=1.00

【3.7】 编程实现,为鼓励居民节约用水,某市对居民用水按水量阶梯式计价。计价标准:按每年用水量统计,不超过 180 立方米的部分按每立方米 5 元收费;超过 180 立方米不超过 260 立方米,其中 180 立方米按 5 元/m^3 收费;超过的部分按每立方米 7 元收费;超过

260 立方米，其中 180 立方米按 5 元/m^3 收费，80 立方米按 7 元/m^3 收费；超过 260 立方米的部分按每立方米 9 元收费。编程对水费进行计算，要求保留两位小数。

输入测试数据：200

程序运行结果：x=200.00　y=1040.00

2. 应用提高

【3.8】 编程实现，中国有句俗语“三天打鱼两天晒网”。某人从某天起，开始“三天打鱼两天晒网”，问这个人在以后的第 n 天中是“打鱼”还是“晒网”。

第一次运行程序

　输入测试数据：15

　程序运行结果：晒网

第二次运行程序

　输入测试数据：16

　程序运行结果：打鱼

【3.9】 编程实现，将一个百分制成绩转换为五分制成绩。转换原则：当成绩大于或等于 85 分为 A；小于 85 分且大于等于 75 分为 B；小于 75 分且大于等于 65 分为 C；小于 65 分且大于等于 55 分为 D；小于 55 分为 E。

第一次运行程序

　输入测试数据：86

　程序运行结果：A

第二次运行程序

　输入测试数据：75

　程序运行结果：B

第三次运行程序

　输入测试数据：50

　程序运行结果：E

【3.10】 编程实现，利用 switch 语句模拟简单的计算器，计算任意两个整数的加、减、乘、除运算。如输入 5+2，输出 5+2=7；如输入 5/2，输出 2.50。

第一次运行程序

　输入测试数据：5+2

　程序运行结果：5+2=7

第二次运行程序

　输入测试数据：5-2

　程序运行结果：5-2=3

第三次运行程序

　输入测试数据：5*2

　程序运行结果：5*2=10

第四次运行程序

输入测试数据：5/2

程序运行结果：5/2=2.50

3.4 实训练习

（一）选择题

1. 若有定义 int x;，下列调用 scanf()函数给变量 x 正确赋值的语句是______。

   A. scanf("%d",x);　　B. scanf("%d" ,&x);

   C. scanf("%f",&x);　　D. scanf("%g",&x);

2. 若有定义 double x=123.6756;，执行语句 printf("%8.2lf",x);后的输出结果是(注:□代表一个空格符)______。

   A. □□123.67　　B. □□123.68　　C. 00123.67　　D. 00123.68

3. 若有定义 float a,b,c;，执行语句 scanf("%f,%f,%f",&a,&b,&c);时，若给 a,b,c 分别赋值为 1.41,12.3,3.14，则下列正确的输入形式是(注:□代表一个空格符)______。

   A. 1.41<回车> 12.3<回车> 3.14<回车>

   B. 1.41<回车>12.3,3.14<回车>

   C. 1.41,12.3,3.14<回车>

   D. 1.41□12.3□3.143<回车>

4. 若有定义 int a;float b;char c;，能给 a,b,c 正确赋值的语句是______。

   A. scanf("%d%f%c",&a,&b,&c);　　B. scanf("%d%lf%lf",&a,&b,&c);

   C. scanf("%f%lf%lf",&a,&b,&c);　　D. scanf("%d%d%d",&a,&b,&c);

5. 若有定义 int a,b;，通过语句 scanf("%d,%d",&a,&b);能把整数 3 赋值给变量 a，5 赋值给变量 b 的输入数据形式是______。

   A. 35　　B. 3 5　　C. 3,5　　D. 3;5

6. 单分支 if 语句的基本形式为：if (表达式)语句;则括号内的表达式______。

   A. 只能是逻辑表达式　　B. 只能是关系表达式

   C. 只能是逻辑表达式或关系表达式　　D. 可以是任意表达式

7. 若有定义 int a=3,b=4; char c='a';，表达式：a>b || !c 的值为______。

   A. 0　　B. 1　　C. a　　D. 'a'

8. 若有定义 int d;，能正确表示 d 的取值在(1,50)范围的表达式是______。

   A. (d>1)&&(d<50)　　B. d>1 and d<50

   C. 1<d<50　　D. d>1 or d<50

9. 若有定义 int x=2,y=1;， 则下列选项中与表达式(x-y)?++x:y--;中的条件表达式(x-y)等价的是______。

   A. (x-y>0)　　B. (x-y<0)

   C. (x-y<0||x-y>0)　　D. (x-y==0)

10. 若有代数式$\sqrt{\frac{|x^2-y|}{2}}$，则下列能够正确表示该代数式的C语言表达式是______。

A. sqrt(|x*x-y|/2)　　B. sqrt(fabs(x*x-y)/2)

C. sqrt(|x^2-y|/2)　　D. sqrt(fabs(x^2-y)/2)

11. 若有定义：float x=1;int a=2,b=3;，则下列选项正确的是______。

A.
```
switch(x)
{case 1.0:printf("*");
 case 2.0:printf("#");}
```

B.
```
switch((int)x)
{case 1.0:printf("*");
 case 2.0:printf("#");}
```

C.
```
switch(a+b)
{default: printf("*");
 case 2:printf("#");}
```

D.
```
switch(a)
{case1:printf("*");}
      case2:printf("#");}
```

12. 若有定义 char c1='a',c2='A'; int a;，执行表达式语句 a=c1 || c1!= c2;后，a 的值是______。

A. 0　　B. 1　　C. A　　D. a.

13. 下列关于 switch 语句和 break 语句的结论中，只有______是正确的。

A. break 语句是 switch 语句中的一部分

B. 在 switch 语句中可以根据需要使用或不使用 break 语句

C. 在 switch 语句中必须使用 break 语句

D. 以上三个结论有两个是正确的

14. 下列叙述中正确的是______。

A. break 语句只能用于 switch 语句

B. 在 switch 语句中必须使用 default 语句

C. 在 switch 语句中 default 语句的位置必须放于最后

D. 在选择结构中 else 必须与 if 配对，组成 if...else 语句

15. 下列选项中，当 x 为大于 1 的奇数时，值为 1 的表达式是______。

A. x%2==0　　B. x%2!=0　　C. x/2　　D. !(x%2!=0)

16. 有以下程序：

```
#include <stdio.h>
int main()
{
  int x=2,y=1,z;
  z=(x-y)? ++x:y--;
  printf("%d %d %d",x,y,z);
  return 0;
}
```

程序运行后的输出结果是______。

A. 3 1 3　　B. 3 0 3　　C. 1 2 1　　D. 1 3 1

17. 有以下程序：

```
#include <stdio.h>
int main()
{
```

```
    int a=6,b=8,s;
    s=a;
    if(s=b)
      s*=s;
    printf("%d",s);
    return 0;
}
```
程序运行后的输出结果是______。

A. 6　　B. 36　　C. 64　　D. 8

18. 有以下程序：

```
#include <stdio.h>
int main()
{
    int x=1,y=2,z=3;
    if(x==1)
        z=y;
    if(z==3)
       x=x+y;
    printf("%d %d %d",x,y,z);
    return 0;
}
```
程序运行后的输出结果是______。

A. 1 2 2　　B. 3 2 3　　C. 1 2 3　　D. 3 2 2

19. 有以下程序：

```
#include <stdio.h>
int main()
{
    int x=1,y=2,z=3;
    if(x=1)
        z=y;
    x=x+y;
    printf("%d %d %d",x,y,z);
    return 0;
}
```
程序运行后的输出结果是______。

A. 1 2 2　　B. 3 2 3　　C. 1 2 3　　D. 3 2 2

20. 有以下程序：

```
#include <stdio.h>
int main()
{
    int a=1,b=0;
    if(a)
       b++;
    else if(b==1)
          a++;
    printf("%d %d",a,b);
    return 0;
}
```
程序运行后的输出结果是______。

A. 2 1　　B. 1 2　　C. 1 1　　D. 1 0

21. 有以下程序：

```
#include <stdio.h>
int main()
{
  int a=2,b=3,c=0;
  if(a>b)
    c=a;
    a=b;
    b=c;
  if(c!=b)
      c=10;
  else
      c=20;
  printf("%d%d%d\n",a,b,c);
   return 0;
}
```

程序运行后的输出结果是______。

A. 3020　　B. 2310　　C. 3010　　D. 2320

22. 有以下程序：

```
#include <stdio.h>
int main()
{
  int num,s=-1;
  scanf("%d",&num);
  if(num>99 && num<=999)
    s=3;
  else if(num>9 && num <=99)
    s=2;
  else if(num>=0 && num <=9)
    s=1;
  printf("%d",s);
  return 0;
}
```

程序运行时，输入数据为 315，则输出结果是______。

A. -1　　B. 1　　C. 2　　D. 3

23. 有以下程序：

```
#include <stdio.h>
int main()
{
  int num=147,a,b,c;
  a=num/100;
  b=num/10%10;
  c=num%10;
  switch(num>a+b+c)
  {
  case 0:printf("%d",num);
```

```
    case 1:printf("%d\n",a+b+c);
    }
    return 0;
}
```

程序运行后的输出结果是______。

A. 147　　B. 12　　C. 14712　　D. 12147

24. 有以下程序：

```
#include <stdio.h>
int main()
{
    int a=2,b=3,m=1;
    switch(a%2)
    {
        case 0:m++;
        case 1:m++; break;
        switch(b%2)
        {
            defaut:m++;
            case0:m++;break;
        }
}
    printf("%d\n",m);
    return 0;
}
```

程序运行后的输出结果是______。

A. 3　　B. 4　　C. 5　　D. 6

25. 有以下程序：

```
#include <stdio.h>
int main()
{
    int a=1,b=2,c=3;
    if (a==1 && b++==2)
        if (b!= 2||c--!=3)
            printf("%d,%d,%d\n",a,b,c);
        else
            printf("%d,%d,%d\n",a,b,c);
    return 0;
}
```

程序运行后的输出结果是______。

A. 1,2,3　　B. 1,2,2　　C. 1,3,3　　D. 1,3,2

(二) 程序填空

1. 下列程序的功能是，判断一个整数的奇偶性。即输入一个正整数，如果是奇数则输出“odd number”，否则输出“even number”。

```
#include <stdio.h>
int main()
{
```

```
    int m;
    printf("请输入任意正整数\n");
    ____①____;
    if(m%2==0)
        printf("even number\n");
    else
        printf(____②____);
    return 0;
}
```

2. 从键盘输入一个字符，如果是大写字母，则转换成小写字母输出；如果是小写字母，则转换成大写字母输出；如果是数字字符，输出其 ASCII 码值，其他字符原样输出。

```
#include <stdio.h>
int main()
{
    char ch;
    printf("请输入任意一个字符:\n");
    scanf("%c",&ch);
    if(____③____)
        printf("ch=%c\n",ch+32);            //输出小写字母
    else if(ch>='a' && ch<= 'z')
        printf("ch=%c\n",____④____);        //输出大写字母
    else if(____⑤____)
        printf("ch=%d\n",ch);               //输出字符的 ASCII 码值
    else
        printf("ch=%c\n",____⑥____);        //字符原样输出
    return 0;
}
```

3. 下列程序的功能是，接收用户输入的整数，依据输入的整数为用户选择不同的游戏场景。选择方式中若输入的数与 3 求余，余 0 显示“欢迎进入 A 场景”，余 1 显示“欢迎进入 B 场景”，余 2 显示“欢迎进入 C 场景”，其余显示“数据出错，欢迎下次再来”。

```
#include <stdio.h>
int main()
{
    int num;
    printf("请输入 100 以内的整数:\n");
    scanf("%d",&num);
    if (____⑦____)
        switch(____⑧____)
        {
            case 0: printf("欢迎进入 A 场景");break;
            case 1: printf("欢迎进入 B 场景");____⑨____;
            case 2: printf("欢迎进入 C 场景");
        }
    else
```

```
        printf("数据出错,欢迎下次再来");
    return 0;
}
```

4. 从键盘输入任意实数赋予 x,根据下面分段函数表达式计算 y 的值。

$$y=\begin{cases}\sqrt{x}, & x>0\\ 0, & x=0\\ \sqrt{|x|}, & x<0\end{cases}$$

```
#include <stdio.h>
#include <math.h>
int main()
{
  ____⑩____;
  printf("请输入任意一个实数:\n");
  scanf("%f",&x);
  if(x>0)
    y=____⑪____;
  else if(____⑫____)
    y=0;
  else
    y=(____⑬____);
  printf("x=%f,y=%f",x,y);
  return 0;
}
```

5. 下列给定的程序的功能,求两个整数的最大数。

```
#include <stdio.h>
void main()
{
  int a,b,t;
  scanf("%d%d",&a,&b);
  if(a<b)
  {
    t=a;
    ____⑭____;
    b=t;
  }
  printf("%d",____⑮____);          /*输出最大数*/
}
```

(三)阅读程序写结果

1. 阅读下列程序,写出程序的运行结果。

```
#include <stdio.h>
void main()
```

```
{
  int a=1,b=2,c=3,d=4,m=0;
  if (a==1) m=0;
  else m=1;
  if (b!=2)   m+=2;
  else if (c!=3)   m+=3;
  else if (d==4)   m+=4;
  printf("%d\n",r);
}
```

2. 阅读下列程序,写出程序的运行结果。

```
#include <stdio.h>
void main( )
{
   char a=66;
   if(a%2==0)
       putchar(a);
   else
       putchar(a+32);
}
```

3. 阅读下列程序,输入 9 和 4 时,写出程序运行的结果。

```
#include <stdio.h>
void main( )
{
   int a,b,c;
   scanf("%d%d",&a,&b);
   if(a<b)
   c=a;a=b;b=c;
   printf("%d,%d",a,b);
}
```

4. 阅读下列程序,若输入 74,写出程序的运行结果。

```
#include <stdio.h>
void main( )
{
   int score,grade;
   printf("Input a score(0~100):");
   scanf("%d",&score);
   grade=score/10;
   switch (grade)
   {
      case 10:
      case 9: printf("A\n");
      case 8: printf("B\n");
```

```
        case 7: printf("C\n");
        case 6: printf("D\n");
        case 5:   case 4:   case 3:
        case 2:
        case 1:
        case 0: printf("E\n");
        default: printf("The score is out of range!\n");
    }
}
```

【微信扫码】

习题解答&相关源程序

实验 4　循环结构程序设计

4.1　实验要求

1. 理解循环条件、循环体以及循环的执行过程。
2. 掌握及正确使用 for、while 和 do-while 语句。
3. 掌握循环条件的正确使用。
4. 掌握 break、continue 语句的功能以及正确使用。
5. 掌握双循环结构的程序设计方法。
6. 掌握相关算法(累加、累乘、素数、最值和穷举法等)。
7. 编写程序的文件名均采用 ex4_题号.c 的形式命名,如【4.1】程序文件名为 ex4_1.c。

4.2　实验指导

1. 循环结构

在实际生活中常说重复执行某项工作多次,或重复执行某项工作,达到某种要求为止等等问题。在程序设计中如果需要解决重复执行某些操作时,就要用到循环结构。

C 语言中提供了三种循环语句:for 语句(计数型循环)、while 语句(当型循环)和 do-while 语句(直到型循环)。无论采用哪种循环语句,其共同点都是循环条件为真继续循环,循环条件为假退出循环。

(1) for 语句是常用的一种循环语句,它的一般格式:

```
for(表达式 1;表达式 2;表达式 3)
        循环体语句
```

for 循环语句的执行过程:

S1:计算表达式 1 的值;

S2:计算表达式 2 的值,并判断其值是真值(非 0 值),还是假值(0 值)。若为真值,执行 S3,反之执行 S5;

S3:执行循环体语句;

S4:计算表达式 3 的值;返回 S2;

S5:结束循环(退出循环);继续执行 for 语句的后继语句。

(2) while 循环语句,它的一般格式:

while（条件表达式）

循环体语句

while 循环语句的执行过程：

S1：计算条件表达式的值，并判断其值是真值（非 0 值），还是假值（0 值），若为真值，执行 S2，否则执行 S4；

S2：执行循环体语句；

S3：返回 S1；

S4：退出循环，执行 while 语句的后继语句。

（3）do-while 循环语句，它的一般格式：

do

循环体语句

while（条件表达式）；

do-while 循环语句的执行过程：

S1：执行循环体语句；

S2：计算条件表达式的值，并判断其值是真值（非 0 值），还是假值（0 值），若为真值，返回执行 S1，否则执行 S3；

S3：退出循环，执行 do-while 语句的后继语句。

循环结构在程序设计时，需清楚四个部分：循环控制变量的初值、循环条件的判断、循环体语句（需要重复操作的语句）和改变循环控制变量的变化值。

当给定了循环次数，首选 for 循环语句，若循环次数不明确，需要通过某条件控制循环时，首选 while 或 do-while 循环语句，其实三个循环语句可以相互转换。

while 语句与 do-while 语句的区别是，while 语句是先判断，后执行，有可能一次也不行，而 do-while 语句是先执行，后判断，无论条件是否成立至少执行一次。

在一个循环体内又完整包含了另一个循环，称为循环嵌套。三种类型的循环结构可以相互嵌套，循环的嵌套可以多层，但每层循环逻辑上必须是完整的循环结构。

【例 1】 阅读下列程序，分析程序的运行结果。

```
#include <stdio.h>
void main( )
{
    int i,j;
    for(i=1;i<3;i++)                          /* 外循环 */
    {
      for(j=1;j<=i;j++)                       /* 内循环 */
        printf("%d * %d=%2d",i,j,i * j);
      printf("\n");
    }
}
```

程序运行结果：

```
1 * 1=1
2 * 1=2  2 * 2=4
```

要点：

(1) 该程序中第一个 for 循环体中又包含一个完整的 for 循环，因此该程序为双循环。

(2) 双循环的执行过程是当 i=1 时，j 从 1 变化到 j<=i，当 j<=i 条件为假，退出内循环，继续执行外循环；当 i=2 时，j 从 1 变化到 j<=i，当 j<=i 条件为假，退出内循环，继续执行外循环；当 i=3 时外循环条件为假，退出双循环。

(3) 本程序中，若将外循环的循环控制变量的终值改为 i<10，输出的是九九乘法表。

2. 累加、累乘

求序列和的算法也称为累加算法，算法思想：引入两个变量，一个和变量 sum，一个加数变量 b，重复执行 sum=sum+b 程序段，其中和变量必须赋初值，通常情况下赋 0，也可视情况而定。

求序列积的算法也称为累乘算法，算法思想：引入两个变量，一个积变量 fac，一个乘数变量 b，重复执行 fac=fac×b 程序段，其中积变量必须赋初值，通常情况下赋值为 1，也可视情况而定。

【例 2】 求 1+2+3+……+100 的和。

```
#include <stdio.h>
void main()
{
   int i,sum=0;
   for (i=1; i<=100; i++)
         sum=sum+i;
   printf("%d\n",sum);
}
```

要点：

(1) 由于每次执行循环体时要修改加数变量，而加数变量与循环控制变量 i 变化值相同，所以加数变量用循环控制变量。

(2) 和变量需先赋值，通常情况下赋 0 值，也可视情况而定。

(3) 求序列之积时，要注意两个问题。一个问题是积变量需先赋值，通常情况下赋值为 1，也可视情况而定；另一个问题要考虑求解的积会不会数据溢出。解决数据溢出的方法是定义恰当的数据类型。

3. 求最大(小)值算法

求最大值的算法思想，引入一个存放最大值的变量，然后与待比较的值逐一比较，不断更新最大值的过程。同理，求最小值的算法思想，引入一个存放最小值的变量，然后与待比较的值逐一比较，不断更新最小值的过程。

求任意 n 个数的最大数的常用算法的步骤：

引入两个变量 max，a，变量 max 存放最大数，变量 a 存放待比较的数。

S1：首先对 max 赋初值。通常将待比较的第一个数赋给最大数，即 max=a；

S2：输入下一个待比较的数存放于 a；

S3：max 与 a 进行比较，若 a 大于 max 的值，将 a 的值赋给 max；

S4：判断比较的数是否大于 n，是执行 S5，否则返回 S2；

S5：输出 max 的值。

【例 3】 从键盘输入 10 个整数，求出它们的最大数。

```
#include<stdio.h>
void main()
{
  int a,max,i;
  scanf("%d",&a);
  max=a;                    /*将输入的第一个数作为最大数*/
  for(i=1;i<10;i++)         /*循环9次*/
  {
    scanf("%d",&a);         /*输入待比较的数*/
    if (max<a)  max=a;      /*输入的数与max值比较,若比max大,把该数赋给max*/
  }
  printf("The max value is:%d\n",max);
}
```

输入测试数据：21　765　78　9　456　89　76　32　90　76

程序运行结果：The max value is：765

要点：

（1）引入存放最大值变量一定先要赋初值。

（2）循环体完成输入待比较的数，与最大数进行比较，由于第一个数已赋给 max，所以只需循环 9 次。

（3）循环结构的三种循环语句可以相互转换，也就是说选择任意一种循环语句能实现的，同样也可以用其余两种循环语句实现。

用 while 语句实现求最大值。

```
#include<stdio.h>
void main()
{
  int a,max,i;
  scanf("%d",&a);
  max=a;                    /*将输入的第一个数作为最大数*/
  i=2;                      /*前面已经输入过一个数,因此i的初值从2开始*/
  while (i<=10)             /*控制循环9次*/
    {
      scanf("%d",&a);
      if (max<a)  max=a;
      i++;                  /*i为循环控制变量,统计输入数的个数*/
    }
  printf("The max value is:%d\n",max);
}
```

用 do-while 语句实现求最大值。

```
#include <stdio.h>
void main()
```

```
{
  int a,max,i;
  scanf("%d",&a);
  max=a;
  i=2;
  do
  {
    scanf("%d",&a);
    if (max<a)   max=a;
    i++;
      }
  while (i<=10);
  printf("The max value is:%d\n",max);
}
```

4. 判断素数算法

所谓素数(质数)就是除 1 和它本身之外没有其他因子的数。换句话说只能被 1 和它本身整除的数就是素数(质数)。

判断一个数是否为素数,可分两步实现:

S1:逐一验证除 1 和它本身之外数能否整除该数。若该数为 m,则验证从 2 开始至 $m-1$ 为止的所有数能否整除该数。通过分析,验证的范围$[2,m-1]$可压缩为$[2,m/2]$或$[2,\sqrt{m}]$。

S2:得出结论。由 S1 可知若其中有一个数能整除该数,则该数不是素数,否则是素数。

【例 4】 判断一个正整数是否为素数,若是输出“YES”,否则输出“No”。

```
#include <stdio.h>
#include <math.h>
void main()
{
  int m,i;
  printf("Please enter a integer\n");
  scanf("%d",&m);
  for(i=2;i<=sqrt(m);i++)
       if(m%i==0)   break;
  if(i<=sqrt(m)) printf("NO\n");
  else printf("YES\n");
}
```

第一次运行程序

输入测试数据:23

程序运行结果:YES

第二次运行程序

输入测试数据:145

程序运行结果:NO

要点：

（1）在验证过程中，当有一个数能整除数 m 时，则其后的数就不必验证，可由 break 语句中断该循环。

（2）break 语句只能用在 switch 语句和循环语句，跳出它所在的语句。

5. 穷举法

将问题的所有可能的情况逐一验证，直到找到解或将全部可能的情况都测试完为止的算法，称为穷举法。穷举法是程序设计中常用的算法之一。判断一个数是否为素数的第一步，逐一验证除 1 和它本身之外数能否整除该数，采用的就是穷举法。穷举算法的特点是算法简单，但运行时所花费的时间量大。

穷举法在程序设计中，主要采用循环语句和选择语句，循环语句用于控制穷举所有可能的情况，也可以说是对所有可能进行验证的范围，而选择语句判断当前设定的条件是否为满足的状态解。

【例 5】 百钱买百鸡问题：公鸡每只 5 元，母鸡每只 3 元，小鸡每 3 只 1 元，用 100 元买 100 只鸡，问公鸡、母鸡、小鸡各多少？

假若设有，公鸡 x 只、母鸡 y 只、小鸡 z 只，则有

$$\begin{cases} x+y+z=100 \\ 5\times x+3\times y+\dfrac{z}{3}=100 \end{cases}$$

```
#include <stdio.h>
void main()
{
   int x,y,z;
   for (x=0;x<=19;x++)
     for (y=0;y<=33;y++)
     {
          z=100-x-y;
          if(5*x+3*y+z/3.0==100)
          printf("x=%d y=%d z=%d\n",x,y,z);
     }
}
```

程序运行结果：x=0　y=25　z=75
x=4　y=18　z=78
x=8　y=11　z=81
x=12　y=4　z=84

要点：

（1）该问题可以归结为求这个不定方程的整数解，利用计算机求解采用穷举法。

（2）计算钱数恰好是 100 的正确表达式为：$5*x+3*y+z/3.0==100$。

6. 利用双循环处理图形算法

打印图形的程序设计的算法是将图形看作是由行和列组成字符图案，采用双循环结构，

外循环控制图形的行数，内循环控制每一行输出的字符。内循环的循环次数不是一个固定值，一般需要找出循环次数与外层循环控制变量之间的关系，以便确定内层循环的次数。

【例 6】 利用循环嵌套在屏幕上显示如下图形。

```
            *
          * * *
        * * * * *
      * * * * * * *
    * * * * * * * * *
  * * * * * * * * * * *
* * * * * * * * * * * * *
```

```
#include <stdio.h>
void main( )
{
   int i,j,k;
   for (i=0;i<7;i++)                  /*外循环控制图形的行数*/
   {
   for (k=0;k<6-i;k++)                /*循环控制每行的空格数*/
            printf(" ");
   for (j=0;j<2*i+1;j++)              /*循环控制每行的星号个数*/
          printf("*");
     printf("\n");                    /*每输完一行图形字符须换行*/
   }
}
```

要点：

(1) 该图形总共七行，第一行看上去只有一个“*”，但输出时先要输出 6 个空格，再输出 1 个“*”，第二行先输出 5 个空格，再输出 3 个“*”，依此规律输出每行的字符。

每行应输出由两种字符组成的图案，一个字符是空格，一个字符是星号。因此，内循环采用两个并行循环，第一个循环控制每行空格输出的个数，第二个循环控制每行“*”输出的个数。

(2) 由于每行的空格个数和“*”号数都不一样，因此内循环次数不是一个固定值，根据每行空格或“*”个数的规律设置内循环的循环条件。若以第七行第一个“*”为坐标原点，则每行上空格的个数变化可设置为 k<6-i。用变量 i 表示行数，用变量 j 表示每行上打印“*”的个数，则每行上“*”的个数变化可设置 j<2*i+1。

(3) 外循环的循环体的最后一条语句 printf("\n");控制每行的换行。

(4) 本程序使用了三个循环结构，其中第一个循环和第二、第三个循环是嵌套关系，而第二与第三个循环之间是并列关系。循环嵌套编程时，内外循环的循环控制变量必须不相同，否则会出错，但并行循环时循环控制变量可以相同，互不干涉。

4.3 实验内容

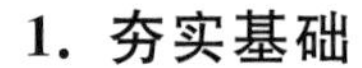

1. 夯实基础

【4.1】 编程实现，用 while 语句求 100 以内所有偶数之和。

程序运行结果：2550

【4.2】 编程实现，用 do-while 语句求 $n!$ 的值。

输入测试数据：5

程序运行结果：5! =120

【4.3】 编程实现，输入一个三位的正整数，求个、十、百位数的最大数。

输入测试数据：427

程序运行结果：7

【4.4】 编程实现，从键盘输入一个整数，判断是否为素数，若是则输出该数，若不是则输出 0 。

第一次运行程序

输入测试数据：5

程序运行结果：5

第二次运行程序

输入测试数据：12

程序运行结果：0

【4.5】 编程实现，打印所有“水仙花”数。所谓“水仙花”数是指一个三位的正整数，其各位数字的立方和等于该数本身。如 $153=1^3+5^3+3^3$，则 153 是“水仙花”数。

程序运行结果：153　370　371　407

【4.6】 编程实现，从键盘上输入 10 位学生的成绩，求平均成绩、最高分和最低分。

输入测试数据：34　56　87　90　87　65　78　87　96　69

程序运行结果：avg=74.90　max=96　min=34

【4.7】 编程实现，求 $\sum_{k=1}^{100} k + \sum_{k=1}^{50} k^2 + \sum_{k=1}^{10} \frac{1}{k}$ 。

程序运行结果：47977.928968

【4.8】 编程实现，打印九九乘法表。

程序运行结果：

```
1*1=1  1*2=2  1*3=3  1*4=4  1*5=5  1*6=6  1*7=7  1*8=8  1*9=9
       2*2=4  2*3=6  2*4=8  2*5=10 2*6=12 2*7=14 2*8=16 2*9=18
              3*3=9  3*4=12 3*5=15 3*6=18 3*7=21 3*8=24 3*9=27
                     4*4=16 4*5=20 4*6=24 4*7=28 4*8=32 4*9=36
                            5*5=25 5*6=30 5*7=35 5*8=40 5*9=45
                                   6*6=36 6*7=42 6*8=48 6*9=54
                                          7*7=49 7*8=56 7*9=63
                                                 8*8=64 8*9=72
                                                        9*9=81
```

【4.9】 编程实现，从键盘输入任意一串字符，以回车键结束。该字符串中的字符若是小写字母则转换为大写字母，若是大写字母则转换为小写字母，其他字符原样输出。

输入测试数据：ABCd#$GTabc23

程序运行结果：abcD#$gtABC23

【4.10】 编程实现，利用循环嵌套在屏幕显示如下图形。

```
*********
 *******
  *****
   ***
    *
```

2. 应用提高

【4.11】 编程实现，求 2～100 间的所有素数。

```
程序运行结果：2    3    5    7    11
              13   17   19   23   29
              31   37   41   43   47
              53   59   61   67   71
              73   79   83   89   97
```

4.4 实训练习

(一) 选择题

1. 下列叙述不正确的是______。
   A. do-while 语句构成的循环用以用其他语句构成的循环来代替
   B. while 语句构成的循环不可以用其他语句构成的循环来代替
   C. do-while 语句构成的循环中，当条件为 0 时结束循环
   D. while 语句构成的循环中，当条件为 0 时结束循环
2. 下列叙述正确的是______。
   A. for 循环只能用于循环次数已经确定的情况
   B. for 循环是先执行循环体，后判断表达式
   C. while 循环是先执行循环体，后判断表达式
   D. 循环结构的循环体若超过一条语句必须用花括号括起来
3. 若已有定义 int m=1,n=2;，执行下列循环语句后 m 值为 10 的是______。
   A. while(m==n)m=10;　　B. do m++; while(m==10);
   C. for(;m==n;m++)m=10;　　D. do m=10;while(m==n);
4. for 循环语句的一般形式为：for(表达式 1;表达式 2;表达式 3) 语句；
其中表示循环条件的是______。
   A. 表达式 1　　B. 表达式 2　　C. 表达式 3　　D. 语句
5. 有以下程序：

```
#include <stdio.h>
int main()
{
  int i=1,sum=0;
  while(i<5) sum=sum+1;i++;
  printf("i=%d,sum=%d",i,sum);
  return 0;
}
```

程序运行后的输出结果是______。
   A. i=5,sum=4　　B. i=5,sum=5　　C. i=2,sum=1　　D. 运行无结果
6. 有以下程序：

```
#include <stdio.h>
int main()
{
  int i=1,sum=0;
  while(i<5) {sum=sum+1;i++;}
  printf("i=%d,sum=%d",i,sum);
  return 0;
}
```

程序运行后的输出结果是______。

A. i=5,sum=4　　B. i=5,sum=5　　C. i=2,sum=1　　D. 运行无结果

7. 若已有定义 int k;,则执行下列程序段后,选择正确的是______。

```
k=10;
while(k!=0) k=k-1;
```

A. 执行 10 次　　B. 无限循环　　C. 一次也不执行　　D. 执行一次

8. 若已有定义 int k;,则语句 for(k=0;k=1;k++);和语句 for(k=0;k==1;k++);执行的次数分别是______。

A. 0 和无限　　B. 无限和 0　　C. 都是无限　　D. 都是 0

9. 下列选项中,没有构成死循环的程序段是______。

A.
```
int i=100;
while (1)
{
  i=i%100+1;
  if(i>100) break;
}
```

B.
```
for(;;);
```

C.
```
int n=100;
do {++n;}while (n>=1000);
```

D.
```
int m=30;
while (m); m--;
```

10. 若已有定义 int m,k=2;,执行语句 for(m=2;m++<5;) k++;后,变量 m 与 k 的值分别是______。

A. 4　5　　B. 5　5　　C. 6　5　　D. 6　6

11. 阅读下列程序段,其输出结果是______。

```
int s=10;
while(--s); s-=5;
printf("%d",s);
```

A. 0　　B. -5　　C. 10　　D. 死循环

12. 阅读下列程序段,其输出结果是______。

```
int s=10;
while(--s) s-=5;
printf("%d",s);
```

A. 0　　B. -5　　C. 10　　D. 死循环

13. 在循环结构中,为了结束 do-while 语句构成的循环,while 后一对圆括号中表达式的值应该为______。

A. 0　　B. 1　　C. true　　D. 非 0

14. do-while 语句在语法上,do 与 while 之间的语句只能是一条语句,若有多条需要用______括起来。

A. [ ]　　B. { }　　C. ( )　　D. <>

15. 下列叙述正确的是______。

A. break 语句只能用于 switch 语句体中

B. continue 语句只能用于 switch 语句体中

C. break 语句只能用在循环体内和 switch 语句体内

D. break 语句和 continue 语句的用在循环体内其作用相同

16. 阅读下列程序段，该程序段实现的功能是______。

```
int fac=1,i;
for(i=5;i>0;i--) fac*=i;
```

A. 计算 5 的阶乘　　B. 计算 5 的 5 次幂

C. 计算 5 的平方　　D. 计算 5 与 5 的乘积

17. 有以下程序：

```
#include <stdio.h>
int main()
{
  int x=1,y=8,i;
  for(;x<y;x++,y--);
  printf("%d %d ",x,y);
  return 0;
}
```

程序运行后的输出结果是______。

A. 死循环　　B. 5 4　　C. 5 5　　D. 4 4

18. 有以下程序：

```
#include <stdio.h>
int main()
{
  int n;
  for(n=1;n<=10;n++)
  {
    if(n%2==0) continue;
    printf("%d ",n);
  }
  return 0;
}
```

程序运行后的输出结果是______。

A. 1 2 4 5 7 8 10　　B. 1 3 5 7 9　　C. 2 4 6 8 10　　D. 1 2 3 4 5 6 7 8 9 10

19. 有以下程序：

```
#include <stdio.h>
int main()
{
  int i;
  for(i=1;i<10;i++)
  {if(i>5)
    {
      printf("%2d",i);
```

```
        break;}
      printf("%2d",i++);
    }
    return 0;
}
```
程序运行后的输出结果是______。

A. 1 3 5 7　　B. 1 3 5　　C. 2 3 5　　D. 2 3 4 5

20. 执行下面程序段后,k 值是______。

```
int k=1; n=234;
do{k *=n%10;   n/=10;}
while(n);
```

A. 1　　B. 9　　C. 24　　D. 0

21. 执行下面程序段后,k 值是______。

```
int k=0,n=234;
do{k=k * 10+n%10;   n/=10;}
while(n);
```

A. 9　　B. 432　　C. 24　　D. 1000

22. 有以下程序:

```
#include <stdio.h>
int main()
{
    int n=0,m=0;
    char ch;
    while ((ch=getchar())!='#')
    {
      if(ch>='A'&& ch<='Z'||ch>='a'&&ch<='z')
        m++;
      if(ch>='0' && ch <= '9')
        n++;
    }
    printf("%d,%d\n",m,n);
    return 0;
}
```
从键盘上输入 ABcd12 $ Efd%^#<回车>,程序运行后的输出结果是______。

A. 3,2　　B. 4,3　　C. 7,3　　D. 7,2

23. 有以下程序:

```
#include <stdio.h>
int main()
{
    int n=0,m=0;
    charch;
    while ((ch=getchar())!='#')
    switch(ch)
      {
        case 'a':n++;
```

```
            case 'h':n++; break;
        default: m++;
    }
    printf("%d,%d\n",n,m);
    return 0;
}
```

从键盘上输入 china#<回车>,程序运行后的输出结果是______。

A. 4,3　　B. 3,3　　C. 2,3　　D. 3,2

24. 若已定义 int i,s=0;,有下列循环语句:

for(i=1;i<=10;i++) s+=i;,下列选项中该循环语句功能不等价的是______。

A. for(i=1;;i++) {s+=i;if(i==10)break;}

B. for(i=1;i<=10;){s+=i;i++;}

C. i=1;for(;i<=10;)s+=i;

D. i=1;for(;;){s+=i;if(i==10)break;i++;}

25. 以下程序的运行结果是______。

```
#include <stdio.h>
int main()
{
    int n=6;
    while(n--)
    printf("%2d",--n);
    return 0;
}
```

A. 4 2 0　　B. 4 2　　C. 2 0　　D. 2 1 0

(二) 程序填空

1. 下列程序的功能是统计输入学生成绩的平均成绩及 90 分以上的人数,当输入 0 或负数时程序结果。请填空。

```
#include <stdio.h>
int main()
{int n,m;
    float grade,average;
    average=n=m=____①____;
    while(1)
    {scanf("%f",&grade);
        if(grade<0)break;
        n++;
        ____②____;
        if(grade>=90)____③____;
    }
    if(n)printf("%.2f,%d\n",average/n,m);
    return 0;
}
```

2. 下面程序的功能是，输出 100 以内能被 5 整除且个位数为 5 的所有整数。请填空。

```
#include <stdio.h>
int main( )
{int i,j;
 for(i=0; ____④____ ; i++)
   {
    j=i*10+5;
      printf("%d", ____⑤____ );
   }
   return 0;
}
```

3. 找出一个数的所有因子，并输出。请填空。

```
#include <stdio.h>
int main( )
{int x,i,j;
  scanf("%d",&x);
  j=x;
  for(i=1; ____⑥____ ;i++)
     if( ____⑦____ )
        printf("factor:%d\n",i);
  return 0;
}
```

4. 编程实现：求 1－3＋5－7＋ …－99 ＋100 的值。请填空。

```
#include <stdio.h>
int main( )
{int i,sum=0,f=1;
  for(i=1;i<100; ____⑧____ )
  {
     sum=sum+f*i;
     ____⑨____ ;
  }
  printf("sum=%d",sum+100);
  return 0;
}
```

5. 把输入的整数（最多不超过 5 位）按输入顺序的反方向输出。请填空。

```
#include <stdio.h>
int main( )
{
   int number;
   printf("Input the number:");
   scanf("%d",&number);
   do{
```

```
        printf("%d",number%10);
        ____⑩____;}
    while(____⑪____);
    return 0;
}
```

6. 爱因斯坦的阶梯问题：设有一阶梯，每步跨 2 阶，最后余 1 阶；每步跨 3 阶，最后余 2 阶；每步跨 5 阶，最后余 4 阶；每步跨 6 阶，最后余 5 阶；只有每步跨 7 阶时，正好到阶梯顶。问共有多少阶梯。

```
#include <stdio.h>
int main()
{
    int ladders=7;
    while(____⑫____)ladders+=7;
        printf("%d\n",ladders);
}
```

7. 一个球从 100 m 高度自由落下，每次落地后反弹回原高度的一半，再落下，再反弹，求它在第 10 次落地时共经过多少米，第 10 次反弹多高。

```
#include <stdio.h>
int main()
{
    float sn=100.0,hn=sn/2;
    ____⑬____;
    for(n=2; n<=10;n++)
    {
        sn=____⑭____;
        hn=hn/2;
    }
    printf("第 10 次落地时共经过%f 米 \n",sn);
    printf("第 10 次反弹%f 米.\n",hn);
    return 0;
}
```

8. 程序实现的功能是译密码。为使电文保密，往往按一定规律转换成密码，收报人再按约定的规律译回原文。

例如，可以按如下规律将电文变成密码：将字母 A 变成字母 E，a 变成 e，即变成其后的第 4 个字母，W 变成 A，X 变成 B，Y 变成 C，Z 变成 D。字母按上述规律转换，非字母字符不变。

```
#include <stdio.h>
void main()
{
    char c;
    while((c=getchar())!='\n')
```

```
  {
    if((c>='a' && c<='z')||(c>='A' && c<='Z'))
    {
        ______⑮______;
      if(c>'z'||c>'Z' && c<='Z'+4)
        ______⑯______;
    }
    printf("%c",c);
  }
}
```

(三) 阅读程序写结果

1. 阅读下列程序，写出下列程序的功能。

```
#include <stdio.h>
void main()
{
  int n;
  for(n=7;n<=100;n++)
  {
    if (n%7!=0) continue;
    printf("%d",n);
  }
}
```

2. 阅读下列程序，下列程序能否正常运行，若能，写出程序运行结果；若不能，修改此程序，并写出修改后的程序运行结果。

```
#include <stdio.h>
void main()
{
  int n,m=0;
  for(n=10,n<=20,n++)
  {
    if(n%3=0)
        m++;
  }
  printf("%d",m);
}
```

【微信扫码】

习题解答&相关源程序

实验5 程序设计常用算法

5.1 实验要求

1. 熟悉和掌握算法及其特性。
2. 熟练掌握结构化程序设计的三种基本结构。
3. 熟练掌握常用的数值算法。
4. 编写程序的文件名均采用以 ex5_题号.c 的形式命名,如【5.1】程序文件名为 ex5_1.c。

5.2 实验指导

1. 算法及其特性

算法(Algorithm)是计算机解题的基本思想方法和步骤,被称为程序设计的灵魂,也是学习编程的必备知识。

利用计算机解决问题,首先要设计出适合计算机执行的算法,此算法包含的步骤必须是有限的,每一步都必须是明确的,最终能被计算机执行,从而得到结果。

算法可分为两类:

(1) 数值运算算法。对问题求数值解,通过运算得出一个具体数值,如求方程的根等,此类算法一般有现成的模型,算法较成熟。

(2) 非数值运算算法。用于事务管理领域,图书检索等,如包括线性表、栈、队列和串、树、图、排序、查找与文件操作等。

根据实际问题设计算法时,还要尽量考虑用重复的步骤去实现,使算法简明扼要,通用性强,不仅能减少编写程序的时间,减少上机输入和调试程序的时间,还能减少程序本身所占用的内存空间。

算法应具有以下的特性:

(1) 有穷性:一个算法应包含有限的操作步骤而不能是无限的。

(2) 确定性:算法中每一个步骤应当是确定的,而不能具有二义性。

(3) 有零个或多个输入:处理的数据对象需要从外界来获得数据。

(4) 有一个或多个输出:算法的目的就是得到结果,将其结果输出,没有输出的算法是无意义的。

（5）有效性：算法中每一个步骤应当能有效地执行，并得到确定的结果。

2. 用辗转相除法求两个正整数的最大公约数

利用欧几里得辗转相除法求最大公约数。其算法思想：假定两个正整数 $m,n(m>n)$，用较小的数 n（除数）除较大的数 m（被除数），得到余数 r_1；若余数 r_1 不为0，则除数作为被除数，余数 r_1 作为除数，相除得到余数 r_2；若余数 r_2 还不为0，仍是将除数作为被除数，余数 r_2 作为除数，相除得到余数 r_3，这样辗转相除，直到余数是0为止。

当余数为0时，除数为原正整数 m,n 的最大公约数。

最小公倍数利用公式求得。最小公倍数＝两个正整数（原数）之积/最大公约数。

求最大公约数的算法步骤：

假定两正整数为 m（被除数）、n（除数）和余数 r。

S1：求两数的余数 r；

S2：判断余数 r 是否为0，若为0，执行S5，否则执行S3；

S3：$m \leftarrow n, n \leftarrow r$；

S4：求两数的余数 r；返回S2；

S5：输出最大公约数 n。

【例1】 求两个正整数的最大公约数和最小公倍数。

```
#include <stdio.h>
void main()
{
   int nm,r,n,m,t;
   printf("please input two numbers:\n");
   scanf("%d%d",&m,&n);
   nm=n*m;
   if(m<n)
   { t=n; n=m; m=t; }
   r=m%n;
   while (r!=0)
   {
      m=n;
      n=r;
      r=m%n;
   }
printf("最大公约数:%d\n",n);
printf("最小公倍数:%d\n",nm/n);
}
```

输入测试数据：24,8

程序运行结果：最大公约数：8

　　　　　　　最小公倍数：24

要点：

（1）求最大公约数和最小公倍数通常要求在自然数中求解。程序设计中当输入负数时，要求重新输入数，直到输入的数为正整数。

算法思想：先输入任意整数，然后判断输入的数是否符合要求，若符合则正常求解，若不符合则重新输入整数。因此先输入后判断，常采用 do-while 循环语句实现。实现语句如下：

```
do{
        printf("input m&n");
        scanf("%d%d",&m,&n);
}while(m<=0||n<=0);
```

该循环条件是若 m 和 n 至少有一个为负数或为 0 时，需重新输入两个整数。

(2) 求最小公倍数时，若是原正整数的乘积，则引入变量 nm，存放原正整数之积。

(3) 当 if 语句的判断省略时，程序调试也是正确的。

3. 递推算法

递推算法是计算机数值计算中的一个重要算法，算法思想是给定一个已知条件，根据前后项的关系，由前项推后项。

若计算 1！+2！+…+10！的和，观察第 2 项可由第 1 项的值乘 2 得到，第 3 项可由第 2 项的值乘 3 得到，由此而知，第 n 项可由第 $n-1$ 项乘 n 得到。因此在程序设计中，可采用递推算法。

【例 2】 计算 $\sum_{n=1}^{10} n!$ 的值。

```
#include <stdio.h>
void main()
{
   long i,n,sum=0,t=1;
   for(i=1;i<=10;i++)
   {
        t=t*i;
        sum=sum+t;
   }
   printf("1!+2!+...+10!=%ld",sum);
}
```

程序运行结果：

1！+2！+…+10！=4037913

要点：

(1) 由于求阶乘的整数值比较大，所以数据类型常用长整型。

(2) 采用递推算法时，一定要注意初始值的给定。

4. 迭代法

迭代算法是用计算机解决问题的一种基本方法。迭代法是一种不断用变量的旧值递推新值的过程。利用迭代算法解决问题，需考虑以下三个方面的问题。

(1) 确定迭代变量。在可以用迭代算法解决的问题中，至少存在一个直接或间接地不断由旧值递推出新值的变量，这个变量称为迭代变量。通常情况下，设定两个迭代变量一个是迭代旧值，另一个是迭代新值，并且要给定开始迭代的初值。

（2）建立迭代公式。有的问题的迭代公式是给出的，如求平方根的迭代公式；有的问题需要用递推或倒推的方法来建立迭代公式。

（3）确定迭代终止条件。即在什么时候结束迭代过程？迭代过程的控制通常可分为两种情况：一种是规定了迭代次数；另一种是迭代次数无法确定，分析得出结束迭代过程的条件。

如根据迭代公式 $x_{n+1}=\frac{1}{2}\left(x_n+\frac{a}{x_n}\right)$，求任意正数的平方根的算法步骤：

根据迭代公式假定两个迭代变量 x，x_0，直到 x 与 x_0 的差的绝对值小于 10^{-5} 时迭代终止。

S1：给迭代变量 x_0 赋初值（通常可赋为 $a/2$，当然也可以赋其他值）；

S2：用迭代公式求出 x 的值；

S3：判断 $x-x_0$ 的绝对值是否大于等于 10^{-5}，若条件成立，继续迭代，执行 S4；否则终止迭代，执行 S6。

S4：$x_0 \leftarrow x$。

S5：将 x_0 代入迭代公式，求 x 的值。返回 S3。

S6：输出 x 的值。

【例 3】 用迭代法求 $x=\sqrt{a}$ 的值。求平方根的迭代公式为：$x_{n+1}=\frac{1}{2}\left(x_n+\frac{a}{x_n}\right)$，要求前后两次求出的 x 的差的绝对值小于 10^{-5}。

```
#include <stdio.h>
#include <math.h>
void main()
{
  double x0,x;
  float a;
  printf("Please input a positive number:\n");
  scanf("%f",&a);
  x0=a/2;
  x=(x0+a/x0)/2;
  while(fabs(x0-x)>=1e-5)
  { x0=x;
    x=(x0+a/x0)/2;
  }
  printf("The square root of %6.2f is %lf \n",a,x);
}
```

输入测试数据：3

程序运行结果：The square root of 3.00 is 1.732051

要点：

（1）给出迭代终止的条件，通常可选 while 循环语句或 do-while 循环语句来实现。

```
#include <stdio.h>
#include <math.h>
void main( )
{
   double x0, x;
   float a;
   x=a/2;
   do{
      x0=x;
      x=(x0+a/x0)/2;
   } while(fabs(x0-x)>=1e-5);
   printf(" The square root of %6.2f is %lf\n", a, x);
}
```

(2) 由于精度问题，实数在计算机中实际表示时存在误差。因此，在程序设计中，采用 fabs(x0－x)>=10^{-5}的形式，当两个实数的差逼近一个较小的精度值时，视这两个实数近似相等。因此当迭代变量 x_0 与 x 的误差很小时，x_0 与 x 近似相等，同样也可以输出 x_0。

(3) 迭代初值的给定可以是任意的，但初值的选取会直接影响到迭代的次数，有时也会影响迭代的收敛性。通常选取迭代初值时，估计一个与解接近的值。

5. 牛顿迭代法

牛顿迭代法(Newton's method)，又称为牛顿切线法，是牛顿在17世纪提出的一种在实数域和复数域上近似求解方程的方法，是求非线性方程根的重要方法之一。

设 $f(x)=0$ 是非线性方程，$f(x)$在某一区间内为单调函数，则方程 $f(x)=0$ 在该区间只有一个实根。

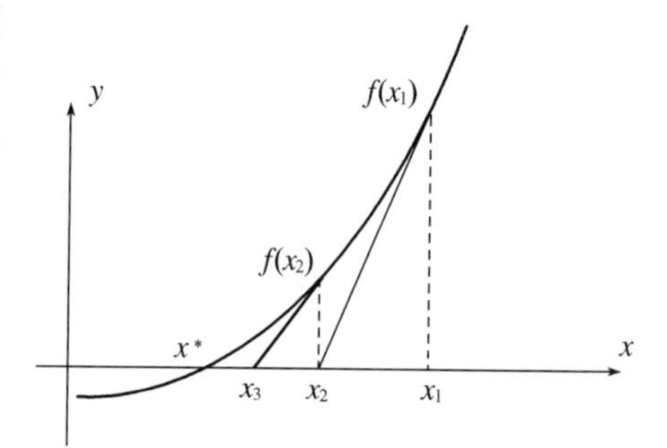

图 5.1　牛顿迭代法求根图像

牛顿迭代法的几何意义，如图 5.1 所示，$f(x)=0$ 的解就是 $y=f(x)$与 x 轴的交点的横坐标 x^*，即给定一个初值 x_1，不断通过切线方程的迭代求解而逼近解 x^* 的过程。

先设定一个与真实根接近的 x_1 作为第一个近似根，过点$(x_1, f(x_1))$作 $f(x)$的切线，与 x 轴相交于 x_2，这时，我们把 x_2 作为第二个近似根；即

$$f'(x_1)=\frac{f(x_1)}{x_1-x_2},x_2=x_1-\frac{f(x_1)}{f'(x_1)}$$

过点$(x_2, f(x_2))$作 $f(x)$的切线，与 x 轴相交于 x_3，这时，我们把 x_3 作为第三个近似根；即

$$f'(x_2)=\frac{f(x_2)}{x_2-x_3},x_3=x_2-\frac{f(x_2)}{f'(x_2)}$$

过点$(x_3, f(x_3))$作 $f(x)$的切线，与 x 轴相交于 x_4，依次类推，直到接近真正的根 x^* 为止。

由此得到牛顿迭代公式，$x_{n+1}=x_n-\frac{f(x_n)}{f'(x_n)}$。

牛顿迭代法求非线性方程的根的基本算法：

(1) 确定迭代变量，旧值 x_1；新值 x_2；以及相对应的函数值变量 f_1，即代表 $f(x_1)$；导数值变量 f_2，即代表 $f'(x_1)$。

(2) 牛顿迭代公式：$x_2=x_1-\frac{f_1}{f_2}$。

(3) 确定迭代终止条件，当 $|x_2-x_1|<10^{-5}$ 时，迭代终止。

牛顿迭代法求非线性方程的根的算法步骤：

S1：先任意确定一个与真实的根接近的初始值 x_2；

S2：将 x_1 作为旧值，$x_1=x_2$；

S3：求 x_1 的函数值 f_1 与在这点的导数值 f_2；

S4：由牛顿迭代公式求新值 x_2；

S5：判断前后两值的绝对值是否小于给定的一个值，若是执行 S6，否则返回 S2；

S6：输出 x_2 为方程的近似根。

【例 4】 用牛顿迭代法求方程 $3x^3-9x^2+4x-12=0$ 在 2.5 附近的根。

```
#include <stdio.h>
#include <math.h>
void main()
{
  double x2,x1,f2,f1;
  x2=2.5;
  do{
    x1=x2;
    f1=3*x1*x1*x1-9*x1*x1+4*x1-12;
    f2=9*x1*x1-18*x1+4;
    x2=x1-f1/f2;
  }while(fabs(x1-x2)>=1e-5);
  printf("The root is%6.2lf\n",x2);
}
```

程序运行结果：The root is 3.00

6. 二分法

二分法，也称为对分法。二分法是求非线性方程 $f(x)=0$ 在区间[a,b]的实根的一种简单高效的求解方法。

二分法求方程的根是将给定的区间一分为二两个区间，确定存在根的区间，再对该区间一分为二两个区间，再次确定存在根的区间。依次类推，直到分的区间足够小为止，也可以说逐次把有根区间对分，直到找到根或有根区间的长度小于给定精度为止。因此，二分法求方程的根的关键问题，是如何确定存在根的区间。

若函数 $f(x)$ 在闭区间[a,b]上为单调函数，且 $f(a)$ 与 $f(b)$ 异号(即 $f(a)f(b)<0$)，则在该区间内 $f(x)$ 有一个实根。

设定 $f(x)=2x^3-4x^2+3x-6$，区间为$[x_1,x_2]$，区间端点的函数值变量为 y_1 和 y_2。中点变量为 x，对应的函数值变量为 y。如图 5.2 所示。

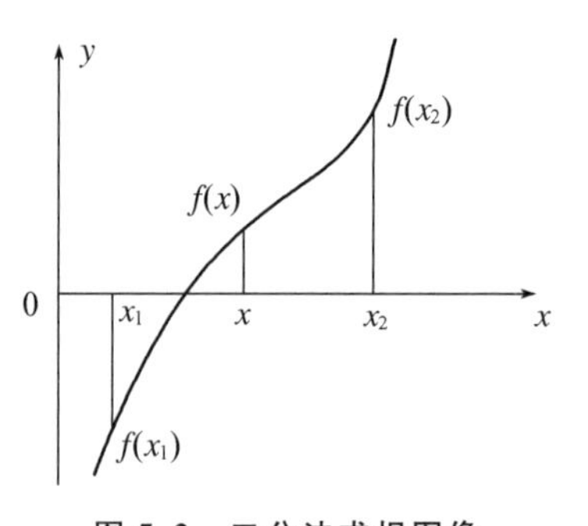

图 5.2　二分法求根图像

二分法求非线性方程的根的算法步骤：

S1. 输入 x_1 和 x_2 的区间端点值；

S2. 求区间端点的函数值 y_1 和 y_2；

S3. 确定在该区间内函数是否有根。判断 y_1 与 y_2 是否为异号，若是，在该区间内有根，继续 S4，否则无根返回 S1。

S4. 计算 x_1，x_2 的中点，$x=(x_1+x_2)/2$；

S5. 计算中点的函数值 f；

S6. 判断根存在的区间。若 $y\times y_1>0$，则根存在于区间$[x,x_2]$，更改存在根的区间，即 $x_1=x$，$y_1=y$。否则根存在于区间$[x_1,x]$，更改存在根的区间，即 $x_2=x$，$y_2=y$；

S7. 判断$|x_1-x_2|<10^{-5}$或$|y|<10^{-5}$。若成立执行 S8，否则返回 S4；

S8. 输出方程的近似根 x 的值。

【例 5】 用二分法求方程 $2x^3-4x^2+3x-6=0$ 在$[-10,10]$之间的根。

```
#include <stdio.h>
#include <math.h>
void main()
{
  double x1,x2,x,f1,f2,f;
  do{
    printf("Enter x1,x2:\n");
    scanf("%lf,%lf",&x1,&x2);
    f1=2*x1*x1*x1-4*x1*x1+3*x1-6;
    f2=2*x2*x2*x2-4*x2*x2+3*x2-6;
  }while(f1*f2>0);                  /*保证在[x1,x2]区间内有根*/
  do{
      x=(x1+x2)/2;                  /*取区间的中点*/
      f=2*x*x*x-4*x*x+3*x-6;
      if(f*f1<0)
      {
          x2=x;f2=f;
      }
      else
      {
          x1=x;f1=f;
      }
  }while(fabs(x1-x2)>=1e-5);
  printf("root=%6.3f\n",x);
}
```

程序运行结果：root=2.000

5.3　实验内容 

1. 夯实基础

【5.1】　编程实现,该程序的功能是:计算并输出

$$s=1+(1+2^{0.5})+(1+2^{0.5}+3^{0.5})+\cdots+(1+2^{0.5}+3^{0.5}+\cdots+n^{0.5})$$

输入测试数据:20

程序运行结果:s=534.188884

【5.2】　编程实现:根据以下公式求 x 的值(要求满足精度 10^{-6},即某项小于 10^{-6} 时停止计算):

$$\frac{x}{2}=1+\frac{1}{3}+\frac{1\times2}{3\times5}+\frac{1\times2\times3}{3\times5\times7}+\cdots\cdots+\frac{1\times2\times3\times\cdots\times n}{3\times5\times7\times\cdots(2n+1)}$$

程序运行结果:3.141590。

【5.3】　编程实现,已知数列$\{A_n\}$,$a_1=2$,$a_n=2a_{n-1}-1(n>1)$,求数列$\{A_n\}$的前 20 项,并以每行5 个数输出。

程序运行结果:

```
2       3       5       9       17
33      65      129     257     513
1025    2049    4097    8193    16385
32769   65537   131073  262145  524289
```

【5.4】　编程实现,用牛顿迭代法求方程 $2x^3-4x^2+5x-18=0$ 在 2 附近的根。

程序运行结果:The root is 2.466109

【5.5】　编程实现,求方程 $x^2=2$ 的近似解(精确度 0.00001)。

程序运行结果:root=1.414214

【5.6】　编程实现,已知函数 $f(x)=x^3-x^2-1$ 在区间[1,3]上有一个实数根,使用二分法求函数根。

程序运行结果:root=1.465571

【5.7】　编程实现,有一只猴子第一天摘下了若干个桃子,当即吃掉一半,还觉得不过瘾,又多吃了一个。第二天接着吃了剩下的桃子中的一半,仍不过瘾,又多吃了一个。以后每天都是吃前一天剩下的桃子的一半零一个。到第 n 天($n>1$)早上猴子再去吃桃子时,只剩下一个桃子了。问猴子第一天共摘下了多少个桃子。

输入测试数据:10

程序运行结果:1534

【5.8】 编程实现,用辗转相除法,求出任意两个正整数的最大公约数。

输入测试数据:24,8

程序运行结果:最大公约数:8

2. 应用提高

【5.9】 编程实现,用辗转相减法,也称为尼考曼彻斯法,求任意两个正整数的最大公约数,其方法是不断用较大的数减较小的数,直到差为零,此时被减数或减数就为两正整数的最大公约数。

输入测试数据:24,8

程序运行结果:最大公约数为 8

【5.10】 编程实现,输出所有满足下列条件的正整数对(a,b):$a+b=99(a<b)$且 a 和 b 的最大公约数是 3 的倍数。

```
程序运行结果:(3,96)   (6,93)   (9,90)   (12,87)
            (15,84)  (18,81)  (21,78)  (24,75)
            (27,72)  (30,69)  (33,66)  (36,63)
            (39,60)  (42,57)  (45,54)  (48,51)
```

【5.11】 编程实现,验证谷角猜想。日本数学家谷角静夫在研究自然数时发现了一个奇怪现象:对于任意一个自然数 n,若 n 为偶数,则除以 2;若 n 为奇数,则乘以 3,然后再加 1。如此经过有限次运算后,总可以得到自然数 1。人们把谷角静夫的这一发现叫作“谷角猜想”。用 5～15 之间的所有数验证谷角猜想。并把所有数经过有限次运算后,最终变成自然数 1 的全过程打印出来。

```
程序运行结果:5:  16  8  4  2  1
            6:  3  10  5  16  8  4  2  1
            7:  22  11  34  17  52  26  13  40  20  10  5  16  8  4  2  1
            8:  4  2  1
            9:  28  14  7  22  11  34  17  52  26  13  40  20  10  5  16  8  4  2  1
            10: 5  16  8  4  2  1
            11: 34  17  52  26  13  40  20  10  5  16  8  4  2  1
            12: 6  3  10  5  16  8  4  2  1
            13: 40  20  10  5  16  8  4  2  1
            14: 7  22  11  34  17  52  26  13  40  20  10  5  16  8  4  2  1
            15: 46  23  70  35  106  53  160  80  40  20  10  5  16  8  4  2  1
```

5.4 实训练习

(一) 选择题

1. 若已有定义 int a=2,b=3; float x=3.5,y=2.5,z;,则表达式(float)(a+b)/2+(int)x%(int)y 的值是______。

A. 3　　B. 3.5　　C. 2.5　　D. 2.5

2. 若已有定义 int a=3,b=4,c=5,d;,则表达式!(a+b)+c&&b+c/2 的值是______。

A. 1　　B. 0　　C. 3　　D. 4

3. 有以下程序段

int j; float y; char ch;

scanf("%2d%c%f",&j,&ch,&y);

当执行上述程序段,从键盘上输入 123456 后,j 和 y 的值分别为______。

A. 12 3456.0　　B. 123 456.0

C. 12 456.0　　D. 数据输入错误,无法正确读入

4. 若在主函数 main 中有定义语句:int m;,则下列叙述中正确是______。

A. 系统将自动给变量 m 赋初值 0　　B. 程序中引用 m 的值时似系统而定

C. 系统将自动给变量 m 赋初值-1　　D. 变量 m 无定义,即引用时为随机值

5. 若已有定义 int num=0; char ch;,以下不能统计输入一行字符串的个数(不包含回车符)的程序段是______。

A. while((ch=getchar())!='\n') num++;

B. while(getchar()!='\n') ++num;

C. for(;getchar()!='\n';num++);

D. for(ch=getchar();ch!='\n';)num++;

6. 下列选项能正确计算 1×2×3×…×10 的程序段是______。

A. do {i=1;s=1; s=s*i; i++;} while(i<=10);

B. do {i=1;s=0; s=s*i; i++;} while(i<=10);

C. i=1; s=1; do {s=s*i; i++;} while(i<=10);

D. i=1; s=0; do {s=s*i; i++;} while(i<=10);

7. 有以下程序:

```
#include <stdio.h>
int main()
{
  int x=3,y=6,a=0;
  while(x++!= y)
  {
    a+=1;
```

```
        if (y<x) break;
        y-=1;
    }
    printf("x=%d,y=%d,a=%d\n",x,y,a);
    return 0;
}
```
程序运行后的输出结果是______。

A. x=4,y=4,a=1　　B. x=5,y=5,a=1

C. x=6,y=4,a=3　　D. x=5,y=4,a=1

8. 有以下程序：

```
#include <stdio.h>
int main()
{
    int x=1,y=0,a=0,b=0;
    switch(x)
    {case1:switch(y)
            {case 0:a++;break;
             case 1:b++;
            }
     case2:a++;
         b++;break;
    }
    printf("a=%d,b=%d\n",a,b);
    return 0;
}
```
程序运行后的输出结果是______。

A. a=2,b=1　　B. a=1,b=1　　C. a=1,b=0　　D. a=2,b=2

9. 有以下程序

```
#include <stdio.h>
int main()
{
    int x=10,y=10,i;
    for(i=0;x>8;y=++i)
        printf("%d%d",x--,y);
    return 0;
}
```
程序运行后的输出结果是______。

A. 10192　　B. 9876　　C. 10990　　D. 101091

10. 有以下程序

```
#include <stdio.h>
int main()
{
    inti,j,n=1;
    for(i=0;i<2;i++)
    {
        n++;
        for(j=0;j<=3;j++)
            {
```

```
            if(j%2) continue;
             n-=2;   }
        n++;
    }
    printf("n=%d\n",n);
    return 0;
}
```

程序运行后的输出结果是______。

A. n=4　　B. n=8　　C. n=-2　　D. n=-3

11. 有以下程序

```
#include <stdio.h>
int main()
{
    int i,j,n=1;
    for(i=0;i<2;i++)
    {
        n++;
        for(j=0;j<=3;j++)
          {
            if(j%2) break;
            n-=2;   }
        n++;
    }
    printf("n=%d\n",n);
    return 0;
}
```

程序运行后的输出结果是______。

A. n=1　　B. n=2　　C. n=3　　D. x=4

12. 有以下程序

```
#include <stdio.h>
int main()
{
    int a,b;
    for(a=1,b=1;a<=50;a++)
    {
        if(b>=7) break;
        if(b%3==2)
        {
          b+=4; continue;
        }
        b+=1;
    }
    printf("%d,%d",a,b);
    return 0;
}
```

程序运行后的输出结果是______。

A. 7,7　　B. 3,7　　C. 4,7　　D. 4,9

13. 在下列程序段中，while 循环的循环次数是______。

```
int i=0;
while(i<10)
{  if(i<1)  continue;
   if(i= =5)  break;
   i++;
}
```

A. 1　　B. 10
C. 6　　D. 死循环、不能确定次数

14. 有以下程序

```
#include <stdio.h>
int main( )
{
  int i,j,k=0,m=0;
  for(i=0;i<2;i++)
  {
    for(j=0;j<3;j++)
      k++;
    k-=j;
  }
  m=i+j;
  printf("k=%d,m=%d\n",k,m);
  return 0;
}
```

程序运行后的输出结果是______。

A. k=0,m=3　　B. k=0,m=5　　C. k=1,m=3　　D. k=1,m=5

15. 有以下程序

```
#include <stdio.h>
int main( )
{int k=0;char c='A';
  do
    {switch(c++)
      {case 'A': k++;break;
        case 'B': k--;
        case 'C': k+=2;break;
        case 'D': k=k%2;continue;
        case 'E': k=k*10;break;
        default: k=k/3;
      }
      k++;
    }
  while(c<'G');
  printf("k=%d\n",k);
  return 0;
}
```

程序运行后的输出结果是______。

A. k=3　　B. k=4　　C. k=2　　D. k=0

16. 有以下程序

```
#include <stdio.h>
int main( )
{
  int i=0,a=0;
  while(i<20)
  {
    for(;;)
    {
      if((i%10)==0) break;
     else i--;}
    i+=11;
    a+=i;
  }
  printf("%d\n",a);
  return 0;
}
```

程序运行后的输出结果是______。

A. 21　　B. 32　　C. 33　　D. 11

17. 当输入为“quert?”时,下面程序的执行结果是______。

```
#include <stdio.h>
int main( )
{
  char c;
  c=getchar( );
  while((c=getchar( ))!='?')
    putchar(++c);
  return 0;
}
```

A. Quert　　B. vfsu　　C. quert?　　D. rvfsu?

18. 当输入为“quert?”时,下面程序的执行结果是______。

```
#include <stdio.h>
int main( )
{
  while(putchar(getchar( ))!='?');
  return 0;
}
```

A. quert　　B. Rvfsu　　C. quert?　　D. rvfsu?

19. 当输入为“quert?”时,下面程序的执行结果是______。

```
#include <stdio.h>
int main( )
{
  char c;
  c=getchar( );
  while(c!='?')
```

```
    {
      putchar(c);
      c=getchar();
    }
    return 0;
}
```

A. quert B. Rvfsu C. quert? D. rvfsu?

20. 以下程序的功能是:按顺序读入10名学生的4门课程的成绩,计算每位学生的平均分并输出。

```
#include <stdio.h>
int main()
{
    int n,k;
    float score,sum,ave;
    sum=0.0;
    for(n=1;n<=10;n++)
    {
      for(k=1;k<=4;k++)
      {scanf("%f",&score);
        sum+=score;
      }
    ave=sum/4.0;
    printf("NO%d:%f\n",n,ave);
    }
    return 0;
}
```

上述程序有一条语句出现在程序的位置不正确。这条语句是______。

A. sum=0.0; B. sum+=score;

C. ave=sum/4.0; D. printf("NO%d:%f\n",n,ave);

(二)程序填空

1. 百钱买百鸡问题。100元钱买100只鸡,公鸡一只5元钱,母鸡一只3元钱,小鸡一元钱三只,求100元钱能买公鸡、母鸡、小鸡各多少只?

```
#include <stdio.h>
int main()
{
    int cocks,hens,chicks;
    cocks=0;
    while(cocks<=19)
    {hens=0;
      while(hens<=33)
      {chicks=100.0-cocks-hens;
        if(5.0*cocks+3.0*hens+chicks/3.0==100.0)
          printf("%d,%d,%d\n",cocks,hens,chicks);
      ____①____;
```

```
    }
    ____②____;
  }
}
```

2. 求1！＋2！＋3！＋4！＋…＋20！。

```
#include <stdio.h>
int main()
{
  floatn,s=0,t=1;
  for(n=1;n<=20;n++)
  {
    ____③____;
    s=s+t;
  }
  printf("1!+2!+…+20!=%e\n",s);
  return 0;
}
```

3. 下列程序的功能是，计算Fibonacci数列：1,1,2,3,5,8,13……的前40项。

```
#include <stdio.h>
int main()
{
  int n;
  long f1,f2;
  ____④____;
  for(n=0;n<20;n++)
  {
    printf("%12ld%12ld",f1,f2);
    if(n%2) printf("\n");
    f1+=f2;
    ____⑤____;
  }
}
```

4. 下列程序的功能是，判断一个数是否为素数。

```
#include<stdio.h>
#include<math.h>
int main()
{
  inti,k,m,flag=1;
  scanf("%d",&m);
  k=sqrt(____⑥____);
  for(i=2;i<=k&&flag;i++)
    if(m%i==0)
```

```
        ____⑦____;
    if(____⑧____)
      printf("%dyes\n",m);
    else
      printf("%d no\n",m);
    return 0;
}
```

5. 过滤空格问题。从键盘输入一行字符串，过滤掉其中的空格，并打印出其中所有的非空格字符。

```
#include <stdio.h>
int main( )
{
    char ch;
    while((ch=getchar( ))!='\n')
    {
      if(ch=='')
          ____⑨____;
      putchar(ch);
    }
    return 0;
}
```

6. 整元换零钱问题。把1元兑换成1分，2分，5分的硬币，共有多少种不同换法。

```
#include <stdio.h>
int main( )
{
    inti,m,n,answer_flag=0;
    n=1;
    printf("\n1Cent Coin,2Cent Coin,5Cent Coin\n");
    for(i=0;i<=100;i++)
    for(m=0; ____⑩____;m++)
      {
        n=(100-i-m*2)/5;
        if(____⑪____ ==100)
         {
           printf("%-4d%-4d%-4d\n",i,m,n);
           answer_flag+=1;
         }
            }
      if(____⑫____)
        printf("Not Answer");
      else printf("Total of Exchange Method is %d",answer_flag);
}
```

7. 下列程序的功能是，求分数序列：2/1，3/2，5/3，8/5，13/8，21/13，…的前 20 项之和。

```
#include <stdio.h>
int main( )
{int m1,n1,n,k,temp;
  float s=0;
  printf("Please Input n:\n");
  scanf("%d",&n);
  m1=1;
  n1=2;
  for(k=0;k<n;k++)
  {     s+=  ____⑬____;
        temp=m1;
        m1=n1;
        ____⑭____ ;
  }
  printf("\ns=%f",s);
}
```

8. 下列程序的功能是，利用公式 e=1+1/1！+1/2！+1/3！+…+1/*n*！求出 e 的近似值，其中 *n* 的值由用户输入（用于控制精确度）。

```
#include <stdio.h>
int main( )
{int k,l,n;
  double e=1,fact_k=1;
  printf("Please Input n:");
  scanf("%d",&n);
  for(k=1;k<=n;k++)
  {  ____⑮____;
     for(l=1;l<=k;l++)
        fact_k *=l;
     ____⑯____ ;
  }
  printf("e=%lf",e);
}
```

9. 下列程序的功能是，依据公式：$\frac{\pi^2}{6}\approx 1+\frac{1}{2^2}+\frac{1}{3^2}+\cdots+\frac{1}{n^2}$，计算 π 的近似值（精确到 10^{-6}）。

```
#include <stdio.h>
int main( )
{
    float a=1,b,pi,t=1;
    while(t>=1e-6)
    {  ____⑰____;
        a++;
```

```
            b= ______⑱______;
            t=1/b;
        }
    pi=pi*6;
    printf("pi=%f",pi);
}
```

10. 下列程序的功能是，求两个正整数的最大公约数和最小公倍数。

```
#include <stdio.h>
void main()
{
    int k,r,a,b,t;
    printf("please input two numbers:\n");
    scanf("%d,%d",&a,&b);
    k=______⑲______;
    if(a<b)
    { t=a; a=b; b=t; }
      while (______⑳______)
      { a=b;
      ______㉑______;
      }
    printf("最大公约数:%d\n",______㉒______);
    printf("最小公倍数:%d\n",______㉓______);
}
```

11. 下列程序的功能是，用二分法求方程 $x^2=2$ 在区间[1.4,1.5]的正实根的近似解（精确度0.00001）。

```
#include <stdio.h>
#include <math.h>
void main()
{
    double  x1,x2,x,f1,f2,f;
    do{
      printf("Enter x1,x2:\n");
      scanf("%lf%lf",&x1,&x2);
      f1=x1*x1-2;
      f2=x2*x2-2;
    }while(f1*f2>0);
    while(______㉔______)
    {
        x=(x1+x2)/2;
        ______㉕______;
        if(f*f2<0)
        {
          ______㉖______; f1=f;
        }
```

```
        else
        {
            ____㉗____;f2=f;
        }
    }
    printf("root=%lf\n",x);
}
```

【微信扫码】
习题解答&相关源程序

实验6　一维数组

6.1　实验要求

1. 掌握数组的基本概念以及一维数组的定义。
2. 数组元素的正确引用，初始化。
3. 一维数组的输入输出。
4. 掌握与一维数组相关的算法。
5. 编写程序的文件名均采用以 ex6_题号.c 的形式命名，如【6.1】程序文件名为 ex6_1.c。

6.2　实验指导

1. 数组的基本概念

C语言中除了常用的基本数据类型外，还提供了构造数据类型，数组、结构体和共用体类型等构造数据类型。构造数据类型是由基本类型数据按一定的规则组成的，因此它们又被称为“导出类型”。

数组是一种简单的构造类型，是具有相同数据类型的一组有序数据的集合，数组中的数据称为数组元素，数组元素在内存中占有一片连续的存储单元。

数组具有如下的一些性质：

(1) 数组是一组有序数据的集合；

(2) 数组中的每一个元素，即数组元素都属于同一个数据类型；

(3) 数组元素由数组名、下标运算符“[　]”和下标值唯一确定；

(4) 数组又分为一维数组和多维数组。

例如，计算10个任意整数的和或统计某班的“C语言程序设计”成绩的平均分等问题时，若用定义变量的方式，就需要用到多个变量名，这样不仅烦琐，而且容易在使用中混淆和出错，也不现实，此时常采用数组的方式。

在定义数组时，一定要指定数组的长度，即数组元素的个数。C语言不允许对数组的大小进行动态定义，不能定义为变量，因此常用常量或符号常量来表示。如用数组存储11,23,45,35,67,89,45,56,98,76等10个整数。

可定义数组为：int a[10]；

或者采用符号常量定义数组：

```
#define N 10
    … …
int a[N];
```

数组名为 a,下标值为 10,下标值的大小决定了数组元素的个数。用数组名加下标运算符加下标值的形式表示数组元素,即 a[0],a[1],a[2]…,a[9]分别表示 10 个整型数据,下标值必须是初值为 0 的连续自然数。

10 个整数存放于数组后,其内存的数据存放形式如图 6.1 所示。

11	23	45	35	67	89	45	56	98	76
a[0]	a[1]	a[2]	a[3]	a[4]	a[5]	a[6]	a[7]	a[8]	a[9]

图 6.1 数组元素在内存的存放形式

若要计算某班的"C 语言程序设计"成绩的平均分时,成绩可存放于数组,但关键问题是没有告知班级的人数,而用数组存储成绩时,一定要明确数组的大小(数组的长度),在这种情况下,解决问题时的方法是,先预定一个值,假使该班级的学生总人数为 35 人,可定义数组为:

float a[35];或 int a[35];

数组元素 a[0],a[1],a[2]…,a[34]分别表示 35 个实型数据或整型数据。

2. 一维数组的初始化、输入输出

如用数组存储 11,23,45,35,67,89,45,56,98,76 等 10 个整数。

每个数组元素的数据类型为 int,连续的存储空间的大小为 sizeof(int) * 10,而数组名是该连续存储空间的首地址。

一维数组的初始化是指在定义数组的同时赋值,赋值方法为:

int a[10]={11,23,45,35,67,89,45,56,98,76};

通常也可采用从键盘输入的方法实现。对一维数组中所有元素输入或输出需采用循环结构实现。

【例 1】 读入 10 个整数存入数组,并输出这 10 个数。

```
#include <stdio.h>
void main()
{
  int a[10],i;
  for(i=0;i<10;i++)                /* 从键盘输入 10 个整数存入数组 */
    scanf("%d",&a[i]);
  for(i=0;i<10;i++)                /* 输出 10 个整数,数组中的所有数组元素的值 */
    printf("%5d",a[i]);
}
```

要点:

(1) 数组中数组元素的下标总是从 0 开始。

(2) 数组元素其实就是普通变量,也称为下标变量,在 scanf 函数中的"&"不能丢。

(3) 数组的应用需用循环结构。在程序设计中，往往将数组的下标作为循环控制变量，通过循环对数组的所有元素进行算法处理。

3. 一维数组中数据逆置算法

所谓逆置就是将一个数组中的所有数据倒序存放。

如有定义说明，int a[10]={12,2,34,45,67,76,3,66,23,89};，则数组 a 中数组元素存放如图6.2所示。

12	2	34	45	67	76	3	66	23	89
a[0]	a[1]	a[2]	a[3]	a[4]	a[5]	a[6]	a[7]	a[8]	a[9]

图 6.2 数组元素在内存的存放形式

数组中数据逆置后数据存放，如图 6.3 所示。

89	23	66	3	76	67	45	34	2	12
a[0]	a[1]	a[2]	a[3]	a[4]	a[5]	a[6]	a[7]	a[8]	a[9]

图 6.3 数组元素逆置后在内存的存放形式

逆置该数组中各元素的值的常用算法，用该数组中的第一个数组元素的数与该数组中的最后一个数组元素的数交换，第二个数与倒数第二个数交换，第三个数与倒数第三个数交换，依次类推，10 个数只需交换 5 次，就可得到原数据的逆序。

【例 2】 逆置一维数组中各元素的值。

```
#include <stdio.h>
#define N 10
void main()
{
  int a[N]={12,2,34,45,67,76,3,66,23,89},i,t;      /*数组 a 初始化*/
  printf("\n The original data:\n");
  for (i=0; i<N; i++)                              /*输出原数组 a*/
    printf("%4d",a[i]);
  for (i=0; i<N/2; i++)                   /*将数组 a 中相对应位置的元素互换*/
  {
    t=a[i];
    a[i]=a[N-i-1];
    a[N-i-1]=t;
  }
  printf("\n The data after invert:\n");
  for (i=0; i<N; i++)               /*输出逆置后的数组 a*/
    printf("%4d",a[i]);
}
```

程序运行结果：The original data:

12 2 34 45 67 76 3 66 23 89

The data after invert:

89　23　66　3　76　67　45　34　2　12

要点:

(1) #define N 10 宏命令,定义符号常量。数组定义时,数组的长度也可采用符号常量。

(2) 数组应用时,注意对应位置数组元素的下标关系,即 a[i]与 a[N-i-1]交换。

(3) 也可采用两个下标变量,实现将数组元素逆置。

```
#include <stdio.h>
#define N 10
void main( )
{
  int a[N] ={12,2,34,45,67,76,3,66,23,89},i,j,t;       /* 数组 a 初始化 */
  printf("\n The original data:\n");
  for (i=0; i<N; i++)                         /* 输出原数组 a */
    printf("%4d",a[i]);
  printf("\n");
  for (i=0,j=N-1; i<j; i++,j--)               /* 将数组 a 中相应位置的元素互换 */
  {
    t=a[i];
    a[i]=a[j];
    a[j]=t;
  }
  printf("\n The data after invert:\n");
  for (i=0; i<N; i++)                         /* 输出逆置后的数组 a */
    printf("%4d",a[i]);
}
```

4. 利用一维数组求数列

我们经常会采用数组求一组按某种规律变化的数列。这时只需清楚数列的变化规律以及数列变化规律与数组中数据位置之间的关系即可。

【例 3】 数列中,第一项值为 3,后一项都是前一项的值加 5,共计算出 $n(4<n<=50)$ 项,将计算出的每一项都放入数组 a 中,并求这 n 项之和。

```
#include <stdio.h>
#define N 50
void main( )
{
  int a[N],n,i,sum;
  printf("\nEnter n(4<n<=50):");
  scanf("%d",&n);                    /* n 表示生成数列的个数 */
  sum=a[0]=3;
  for(i=1;i<=n;i++)
  {
      a[i]=a[i-1]+5;                 /* 求数列的后一项 */
      sum=sum+a[i];                  /* 求和 */
```

```
    }
    for(i=0;i<n;i++)
        printf("%d",a[i]);              /*输出数组中各元素*/
    printf("\n");
    printf("sum=%d",sum);              /*输出数列之和*/
    printf("\n");
}
```

输入测试数据:10

程序运行结果:3　8　13　18　23　28　33　38　43　48

　　　　　　　sum=308

要点:

(1) 题中并未给出 n 的具体值,而数组定义时必须要确定数组的长度,因此编写程序时要根据题意确定一个长度。题中要求 $4<n\leqslant 50$,所以可定义数组长度为 50。

(2) 用递推法求数列,第 1 项可存放于数组的第 1 个数组元素 a[0]中。

(3) 循环体,求和的第 1 项是 a[1],即从数列的第 2 项加起,所以 sum 的初值也要赋为 a[0]。

5. 利用一维数组求最大、最小值

利用数组求最大、最小值算法与实验 4 算法的基本思想一致。将一组数存于数组 a 中,引入两个变量 max(存放最大值)和 min(存放最小值),用数组的第一个元素 a[0]对 max,min 赋初值,然后采用循环结构,依次用 max,min 中值与数组元素逐一比较,从而求出最大、最小值。

【例 4】 从键盘输入任意 10 个整数,求其最大值和最小值。

```
#include <stdio.h>
void main()
{
    int a[10],i,max,min;
    for(i=0;i<10;i++)
        scanf("%d",&a[i]);
    max=min=a[0];
    for(i=1;i<10;i++)
    {
        if(max<a[i])   max=a[i];
        if(min>a[i])   min=a[i];
    }
    printf("Max: %d,Min:%d\n",max,min);
}
```

要点:

(1) max,min 变量必须赋初值,题中将元素 a[0]赋值给 max,min,也可以将数组中的任一元素赋值给 max,min 作为初值,再将数组中每一个元素依次和 max,min 做比较,最终求出最大最小值。

(2) 若题中要求,将最终得出的最大最小值在数组中的位置输出,我们可以另外设置两个整型变量，将最大最小值在数组中的下标进行记录，并在输出时注意数值位置与数值数组下标之间的关系，按照我们的习惯，数值位置＝数值下标＋1。

6. 查找

在一些有序的或无序的数据中，通过一定的方法找出与给定的数据相同的过程叫作查找。在C语言程序设计中常用的查找算法是顺序查找和二分(折半)法查找。

顺序查找是一种简单的查找算法。从序列的第一个数开始按顺序逐一与给定的数据比较是否相同，若相同则视为找到，否则继续查找直到序列的最后一个数都不相同，视为没找到。

二分法查找是针对有序序列的一种查找算法。对于给定的数据，从序列的中间位置开始比较，若当前位置值是查找的数据，则查找成功，否则判断该查找的数据是在序列的前半段还是后半段；之后，仍从序列的中间位置开始继续查找，直到找到或全部查找完为止。

若有定义 int a[10]，m；查找数 m 是否在数组 a 中存在。

二分(折半)法查找算法的基本思想：假定该数列为升序数列，并设三个位置变量 low、high(high＞low)和 mid。其中，low：表示待查范围中的第一个数的位置(下标)；high：表示待查范围中的最后一个数的位置(下标)；mid：表示待查范围的中间位置(下标)，mid＝(low ＋ high)/2。

S1. 给位置变量赋初值，low＝0，high＝9；

S2. 计算中间位置值，mid＝(low＋high)/2；

S3. 判断数 m 是否与 a[mid]相等，若相等，则找到该数，执行 S6，否则执行 S4；

S4. 重新确定查找范围。若 m＜a[mid]，更改 high 的值，即 high＝mid－1。否则更改 low 的值，即 low＝mid＋1；

S5. 当 low＜＝high 时，返回 S2。否则查找结束，未找到该数；

S6. 输出找到的数及在数列中的位置。

【例5】 由10个升序整数组成的数列，利用折半查找(二分)算法查找整数 *m* 在原数列中的位置。若找到，返回该数在原数列中的位置；反之，返回未找到该数。

```
#include<stdio.h>
void main()
{
  int a[10],m,i,low,high,mid;
  printf("请输入从小到大的十个整数:\n");
  for(i=0;i<10;i++)
    scanf("%d",&a[i]);
  printf("请输入要查找的数");
  scanf("%d",&m);
  low=0,high=9;
  do{
        mid=(low+high)/2;
        if(m==a[mid])   break;
        if(m<a[mid])
        high=mid-1;
          else
```

```
            low=mid+1;
    }while(low<=high);
    if(low<=high)
        printf("你查找的数%d是数列中的第%d个数.\n",m,mid+1);
    else
        printf("你查找的数不在数列中.\n");
}
```

第一次运行程序

输入测试数据:12　23　34　45　56　67　78　89　90　100　45

程序运行结果:你查找的数 45 是数列中的第 4 个数。

第二次运行程序

输入测试数据:12　23　34　45　56　67　78　89　90　100　33

程序运行结果:你查找的数不在数列中。

要点:

(1) 数组存储时,从下标为 0 开始,当要返回找到的数为数列中的第几个数时,可采用 mid+1 输出。

(2) 折半查找(二分查找)的前提是待查找的数列必须是有序的数列。

(3) 若输入的序列为无序的整数序列,则用折半查找时,需要对该整数序列先排序,后使用折半查找。但待查找的数在原数列中的位置无法用上述程序确定。

7. 排序

排序是计算机内经常进行的一种操作,其目的是将一组无序的序列,按照指定的某个关键字的大小,递增或递减的顺序排列。常使用的算法有冒泡(起泡)排序、选择排序、插入排序等。

(1) 冒泡排序

冒泡排序算法的基本思想,将相邻两数逐一进行比较,若顺序不对进行交换。

若有定义:int a[6]={12,2,28,45,56,23};按从小到大的顺序排序。

第一轮,第一个数与第二个数比较,顺序不对,交换两数的位置;之后第二个数与第三个数比较,顺序一致;继续比较第三个数与第四个数,依次类推,直至所有的数都比较完,共比较了 5 次,5 次后最大数 56 沉底。如图 6.4 所示。

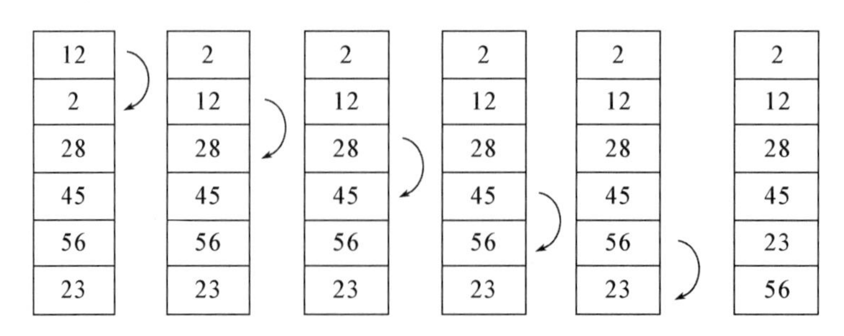

图 6.4　第一轮的比较结果

第二轮，除沉底的最后一个数外，剩下的 5 个数使用和第一轮同样的比较方法，共比较 4 次，将 5 个数中的最大数 45 沉底。如图 6.5 所示。

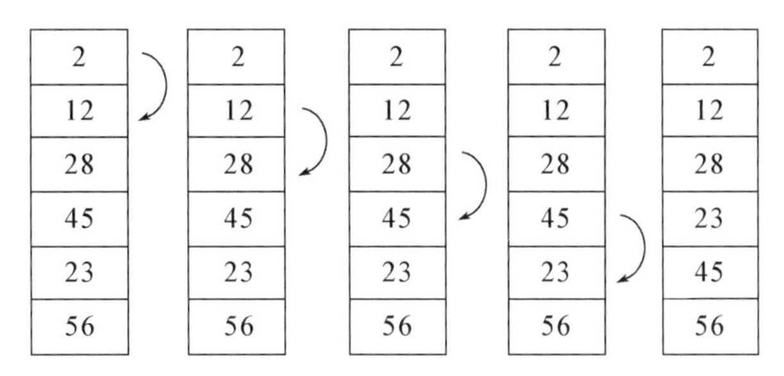

图 6.5　第二轮的比较结果

依次类推，共进行五轮，将 6 个数按从小到大的顺序排好。

综上所述，冒泡排序的关键是相邻两个数进行比较。若对 n 个数排序，共比较$(n-1)$轮，第 i 轮比较的次数为$(n-i)$。实现排序算法采用双循环结构，外循环控制轮数，内循环控制每轮比较的次数。

(2) 选择排序

选择排序算法的基本思想是，若从小到大排序，则每一轮从待排序的数列中选出最小的数，并放在本轮的首位，直到全部排序完；若从大到小排序，则每一轮从待排序的数列中选出最大的数，放在本轮的首位，直到全部排序完。

若有定义，int a[6]={12,4,56,24,67,5};，按从小到大的顺序排序。

先引入一个变量 k，用该变量记住每轮比较完后，最小数所在的位置。

第一轮，k 取本轮第 1 个数所在位置，用该位置对应的数与后面的数进行比较，若比该数小，重新修改 k 值，然后用修改后的 k 位置对应的数继续与其后面的数进行比较，找到比它小的数，再次修改 k 值，依次类推，直至所有的数比较完。则 k 位置上的数就是本轮的最小数，最后将 k 位置上的数与本轮的第 1 个数交换。如图 6.6 所示。

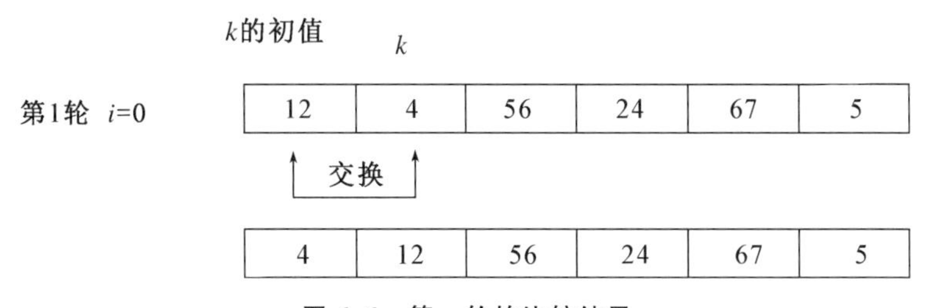

图 6.6　第一轮的比较结果

第二轮，上一轮选出的最小数除外，剩下的数列作为待排序的数列。k 取本轮待排序数列的第 1 个数所在位置，依上轮比较方法，选出本轮的最小数所在的位置，将其赋给 k，则 k 位置上的数就是本轮的最小数，最后将 k 位置上的数与本轮的第 1 个数交换。如图 6.7 所示。

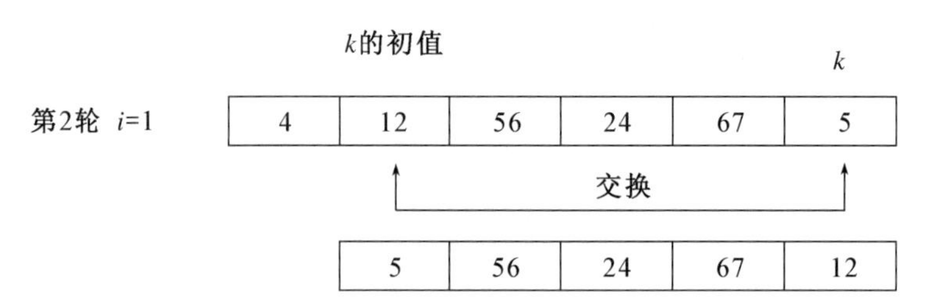

图 6.7 第二轮的比较结果

依次类推,6 个数的数列需要 5 轮就能全部按从小到大的顺序排好。

综上所述,选择排序就是不断地选择最小(大)元素的过程。若对 n 个数排序,共比较 $(n-1)$ 轮,第 i 轮总是从第 i 个元素开始(i 从 0 开始),与其后的所有元素进行比较,选出最小数所在的位置,本轮比较结束后最小数与本轮的首位进行交换,或者说本轮最小数与第 i 位对应的数交换。

【例 6】 用选择排序法对任意整数序列按从小到大的顺序排序。

```
#include <stdio.h>
#define N 10
void main( )
{ int a[N]={15,8,4,13,6,10,17,1,23,67},k,i,j,t;
  for(i=0;i<N-1;i++)
  {
      k=i;                          /* 记住每轮的首位 */
      for(j=i+1;j<N;j++)
        if(a[k]>a[j])
              k=j;                  /* 记住每轮的最小数所在的位置 */
      if(k!=i)
      {
        t=a[k];
        a[k]=a[i];
        a[i]=t;
      }
  }
  printf("The Sorted numbers are:\n");
  for(i=0;i<N;i++)
      printf("%3d",a[i]);
  printf("\n");
}
```

程序运行结果:The Sorted numbers are:

1 4 6 8 10 13 15 17 23 67

要点:

(1) 选择排序就是不断地选择最小(大)元素的过程。

(2) 选择排序共需要进行$(n-1)$轮数的比较,第 i 轮共需比较$(n-1-i)$次(i 从 0 开始,n 表示元素个数)。

(3) 第 i 轮比较后,只需将找到的最小(大)数,与 i 位置上的数交换一次,此轮结束。

6.3 实验内容

1. 夯实基础

【6.1】 编程实现，从键盘输入任意10个整数，逆序输出这10个整数。

输入测试数据：1 2 3 4 5 6 7 8 9 0

程序运行结果：0 9 8 7 6 5 4 3 2 1

【6.2】 编程实现，将a数组中的 n 个数和b数组中逆序的 n 个数一一对应相加后再求平方，其结果存放在c数组中。若a数组中的值为1,2,4,5,7,b数组中的值是2,7,3,9,5；则c数组中的数据是36,121,49,144,81。

输入测试数据：1 2 4 5 7

2 7 3 9 5

程序输出结果：36 121 49 144 81

【6.3】 编程实现，从键盘输入任意10个整数，用冒泡法对这十个数进行升序排序。

输入测试数据：9 4 3 1 2 8 7 10 6 5

程序输出结果：1 2 3 4 5 6 7 8 9 10

【6.4】 编程实现，求斐波纳奇(Fibonacci)数列，1,1,2,3,5,8,……的前12项及前12项和。

程序运行结果：

```
1     1     2     3
5     8     13    21
34    55    89    144
s=376
```

【6.5】 编程实现，将1到20以内个位数能被3整除的所有整数存入数组a中，并计算其和。

程序输出结果：

```
3     6     9     10
13    16    19    20
s=96
```

【6.6】 编程实现，根据下列公式求该数列的前10项，并按每行5个数输出该数列。

公式：

$$a_0 = 0,$$
$$a_1 = a_2 = 1,$$
$$a_i = a_{i-3} + 2a_{i-2} + a_{i-1}, i > 2$$

程序运行结果：

```
  0      1      1      3      6
 13     28     60    129    277
```

【6.7】 编程实现，在一组数中，顺序查找 n 是否在此数组中，若存在，则输出“the number is found!”，若不存在，则输出“the number is not found!”。要求用给定的测试数据对数组初始化。

测试数据：3 4 7 12 24 78 9 15 80 45

第一次运行程序

输入测试数据：12

程序输出结果：the number is found!

第二次运行程序

输入测试数据：11

程序输出结果：the number is not found!

【6.8】 编程实现，某班 10 位学生参加了 C 语言程序设计的课程考试，统计该课程的平均成绩、最高分、最低分以及不及格的人数。最后将成绩以降序（由高至低）存入另一数组中。

输入测试数据 56 65 78 43 98 67 65 77 30 71

程序输出结果：average：65.00 highest：98 lowest：30 fail：3

98 78 77 71 67 65 65 56 43 30

2. 应用提高

【6.9】 编程实现，输入 10 个互异的整数存入数组 a 中，再输入一个整数 x，在数组 a 中利用二分法查找，若找到，则输出该数及在数组中的位置，若没有找到，将小于该数的所有数存入数组 b 中并输出。

第一次运行程序

输入测试数据：12 2 3 21 55 66 77 87 38 99 34

程序运行结果：2 3 12 21

第二次运行程序

输入测试数据：12 2 3 21 55 66 77 87 38 99 55

程序运行结果：55，4

【6.10】 编程实现,输入一个十进制数,转换成二进制数并输出。

输入测试数据:16

程序运行结果:10000

【6.11】 编程实现,猴子选王。一群猴子要选出一个猴子作为它们的大王,选择方法是,先给一群猴子编号,编号是1,2,3,…,n,让这群猴子(n个)按照($1\sim n$)的顺序围坐一圈,从第1个开始数,每数到第$m(m<n)$个,该猴子就要离开此圈,这样依次下来,直到圈中只剩下最后一只猴子,则该猴子为大王。

输入测试数据:10 3(其中,10是猴子的总数,3是每数到3该猴子离开)

程序运行结果:The king is monkey: 4

6.4 实训练习

(一) 选择题

1. 以下关于数组的描述正确的是______。
   A. 数组的大小是固定的,但可以有不同类型的数组元素
   B. 数组的大小是可变的,但所有数组元素的类型必须相同
   C. 数组的大小是固定的,所有数组元素的类型必须相同
   D. 数组的大小是可变的,可以有不同类型的数组元素
2. 在C语言中,引用数组元素时,其数组下标的数据类型允许是______。
   A. 整型常量　　B. 整型常量或整型表达式
   C. 整型表达式　　D. 任何类型的表达式
3. 下列选项中,无法实现给数组的第一个元素赋值的语句是______。
   A. int a[2]={1};　　B. int a[2]={1*2};
   C. int a[2];scanf ("%d",a);　　D. a[1]=1;
4. 下列叙述正确的是______。
   A. 在C语言中,可以使用动态内存分配技术定义元素个数可变的数组
   B. 在C语言中,数组元素的个数可以不确定,允许随机变动
   C. 在C语言中,数组元素的数据类型可以不一致
   D. 在C语言中,定义了一个数组后,就确定了它所容纳的具有相同数据类型元素的个数
5. 假设array是一个有10个元素的整型数组,则下列正确的赋值语句是______。
   A. array[0]=10;　　B. array=0;
   C. array[10]=0;　　D. array[-1]=0;
6. 若有以下定义:

```
int  a[5]={5,4,3,2,1};
char  b='a',c,d,e;
```

则下面表达式中数值为 1 的是______。

A. a[3]　　B. a[e－c]　　C. a[d－b]　　D. a['e'－b]

7. 下列定义一维整型数组 a 的语句正确的是______。

A. int a(100);

B. int n; n＝50; int a[n];

C. int n; scanf("%d",&n);
int a[n];

D. #define A 10
int a[A];

8. 在 C 语言中,引用数组元素时,其数组下标的数据类型允许是______。

A. 整型常量　　B. 整型表达式

C. 整型常量或整型表达式　　D. 任何类型的表达式

9. 下列选项中,对一维数组 m 能进行正确初始化的是______。

A. int m[10]＝(0,0,0,0);　　B. int m[10]＝{ };

C. int m[ ]＝{0};　　D. int m[10]＝[10 * 2];

10. 假定 int 类型变量占用两个字节,其有定义:int x[10]＝{0,2,4};,则数组 x 在内存中所占字节数是______。

A. 3　　B. 6　　C. 10　　D. 20

11. 若有定义:int a[10]＝{1,2,3,4,5,6,7,8,9,10},m＝6;,则下列选项中数值为 4 的表达式是______。

A. a[m]　　B. a[10－m]　　C. a[4]　　D. a['e'－'b']

12. 执行下面的程序段后,变量 k 中的值为______。

int k＝3,s[3];

s[0]＝k; s[1]＝s[0]＋2; k＝s[2]＋s[1];

A. 不定值　　B. 5　　C. 3　　D. 4

13. 执行下面的程序段后,变量 k 中的值为______。

int k＝3,s[3]＝{0};

s[0]＝k; s[1]＝s[0]＋2; k＝s[2]＋s[1];

A. 不定值　　B. 5　　C. 3　　D. 4

14. 下面程序的运行结果是______。

```
#include <stdio.h>
int main()
{
  int a[6],i;
  for(i=1;i<6;i++)
  {a[i]=9*(i-2+4*(i>3))%5;
    printf("%2d",a[i]);
  }
  return 0;
}
```

A. －4 0 4 0 4　　B. －4 0 4 0 3　　C. －4 0 4 4 3　　D. －4 0 4 4 0

15. 以下程序的输出结果是______。

```
#include <stdio.h>
```

```
int main()
{
  int i,a[10];
  for(i=9;i>=0;i--)
      a[i]=10-i;
  printf("%d%d%d",a[2],a[5],a[8]);
}
```

A. 258　　B. 741　　C. 852　　D. 369

16. 以下程序运行后,输出结果是______。

```
#include <stdio.h>
int main()
{
  int  n[5]={1,2},i,k=2;
  for(i=0;i<k;i++)
        n[i]=n[i]+1;
  printf("%d\n",n[k]);
  return 0;
}
```

A. 不确定的值　　B. 2　　C. 1　　D. 0

17. 以下程序运行后,输出结果是______。

```
#include <stdio.h>
int main()
{
  int  y=18,i=0,j,a[8];
  do
    {  a[i]=y%2; i++;
          y=y/2;
    }  while(y>=1);
    for(j=i-1;j>=0;j--) printf("%d",a[j]);
    printf("\n");
}
```

A. 10000　　B. 10010　　C. 00110　　D. 10100

18. 以下程序运行后,输出结果是______。

```
#include <stdio.h>
int main()
{
  int a[10],a1[]={1,3,6,9,10},a2[]={2,4,7,8,15},i=0,j=0,k;
  for(k=0;k<4;k++)
  if(a1[i]<a2[j])
      a[k]=a1[i++];
  else
      a[k]=a2[j++];
  for(k=0;k<4;k++)
```

```
    printf("%d",a[k]);
}
```

A. 1234　　B. 1324　　C. 2413　　D. 4321

19. 以下程序运行后，输出结果是______。

```
#include <stdio.h>
int main()
{
  int i,k,a[10],p[3];
  k=5;
  for (i=0;i<10;i++)
    a[i]=i;
  for (i=0;i<3;i++)
    p[i]=a[i*(i+1)];
  for (i=0;i<3;i++)
    k+=p[i]*2;
  printf("%d\n",k);
}
```

A. 20　　B. 21　　C. 22　　D. 23

20. 以下程序运行后，输出结果是______。

```
#include <stdio.h>
int main()
{
int n[3],i,j,k;
for(i=0;i<3;i++)
  n[i]=0;
k=2;
for (i=0;i<k;i++)
  for (j=0;j<k;j++)
    n[j]=n[i]+1;
printf("%d\n",n[1]);
}
```

A. 2　　B. 1　　C. 0　　D. 3

21. 以下程序运行后，输出结果是______。

```
#include <stdio.h>
int main()
{
  int a[6]={0},i,j,k;
  for(i=1; i<=5; i+=2)
      a[i]=1;
  for(i=0; i<=5; i++)
  {
    if(!a[i])  continue;
    for(j=2; (k=i*j)<=5; j++)
    a[k]=k;
```

```
    }
    for(i=0; i<6; i++)
      {
        if (!a[i])    continue;
        printf("%2d",a[i]);
      }
}
```

A. 1 2 3 4 5　　B. 0 1 2 3 4 5　　C. 1 2 1 4 1　　D. 1 2 1 4 5

22. 下列程序的主要功能是输入 10 个整数存入数组 a,再输入一个整数 x,在数组 a 中查找 x。找到则输出 x 在 10 个整数中的序号(从 1 开始);找不到则输出 0。程序缺少的是______。

```
#include <stdio.h>
int main()
{
   int i,a[10],x,flag=0;
   for(i=0;i<10;i++)
      scanf("%d",&a[i]);
   scanf("%d",&x);
   for(i=0;i<10;i++)
     if (________)
        {flag=i+1;   break;}
   printf("%d\n",   flag);
}
```

A. x! =a[i]　　B. !(x-a[i])　　C. x-a[i]　　D. ! x-a[i]

23. 以下程序运行后,输出结果是______。

```
#include <stdio.h>
int main()
{
   int a[10]={1,2,3,4,5,6,7,8,9,10};
   int j=0,k=9,t;
   while(j<k)
   {t=a[j];
     a[j]=a[k];
     a[k]=t;
     j+=2;
     k-=2;}
   for(j=0;j<10;j++)
     printf("%d ",a[j]);
}
```

A. 10 9 8 7 6 5 4 3 2 1　　B. 1 9 3 7 5 6 4 8 2 10

C. 1 2 3 4 5 6 7 8 9 10　　D. 10 2 8 4 6 5 7 3 9 1

24. 以下程序运行后,输出结果是______。

```
#include <stdio.h>
int main()
{
  int a[10]={2,4,1,9,8,3,7,10,5,6},t;
  int i,j;
  for(i=0; i<10; i++)
    for(j=i; j<10; j++)
      if(a[i]%2==0 && a[j]%2==0)
        if(  a[i]>a[j]   )
         {  t=a[i];
            a[i]=a[j];
            a[j]=t;
        }
  for(i=0; i<10; i++)
    printf("%3d",a[i]);
}
```

A. 1 2 3 4 5 6 7 8 9 10
B. 2 4 1 8 6 3 7 10 5 9
C. 2 4 1 9 6 3 7 8 5 10
D. 2 4 1 3 8 5 7 10 9 6

(二) 程序填空

1. 以下程序的功能是,分别在 a 数组和 b 数组中放入 an+1 和 bn+1 个由小到大的有序数,程序把两个数组中的数按从小到大的顺序归并到 c 数组中。

```
#include <stdio.h>
int main()
{
  int  a[10]={1,2,5,8,9,10},an=5,b[10]={1,3,4,8,12,18},bn=5;
  int  i,j,k,c[20],max=9999;
  a[an+1]=b[bn+1]=max;
  i=j=k=0;
  while((a[i]!=max)||(b[j]!=max))
  if(a[i]<b[j])
    {  c[k]=____①____ ;
         k++;
         ____②____;}
    else
    {  c[k]=____③____ ;
         k++;
         ____④____;}
  for(i=0;i<k;i++)
    printf("%4d",c[i]);
  printf("\n");
}
```

2. 以下程序的功能是，把一个整数转换成二进制数，所得二进制数的每一位放在一维数组中，输出此二进制数。注意：二进制数的最低位在数组的第一个元素中。

```
#include <stdio.h>
int main()
{
  int b[16],x,k,r,i;
  printf("please  input  binary  num  to  x");
  scanf("%d",&x);
  printf("%d\n",x);
  k=-1;
  do
  {  r=x%____⑤____;
     b[++k]=r;
     x/=____⑥____;
  }while(x>=1);
  for(i=k;____⑦____;i--)
    printf("%d",b[i]);
  printf("\n");
}
```

3. 以下程序的功能是，输入 10 个整数，用选择法排序后按从小到大的顺序输出。

```
#define N 10
#include <stdio.h>
int main()
{
  int  i,j,min,temp,a[N];
  for(i=0;i<N;i++)
      scanf("%d",____⑧____);
  printf("\n");
  for(i=0;____⑨____;  i++)
    {  min=i;
       for(j=i;j<N;j++)
         if(a[min]>a[j])____⑩____;
       if(min != i){
         temp=a[i];
         a[i]=a[min];
         a[min]=temp;}
    }
  for (i=0;i<N;i++)
    printf("%5d",a[i]);
  printf("\n");
}
```

4. 下面程序完成的功能是，判定用户输入的正整数是否为“回文数”，所谓“回文数”是指正读反读都相同的数。

```
#include <stdio.h>
int main( )
{
  int  buffer[10],i,k,flag;
  long  number ,n;
  printf("please input  one  number");
  scanf("%ld",&number);
  k=0;
  n=number;
  do
  {____⑪____;
    k=k+1;
    n=n/10;
  }while (n!=0);
    flag=1;
    for(i=0;i<=(k-1)/2;i++)
      if(____⑫____ )
      flag=0;
  if(flag)
      printf("%ld  is  huiwenshu\n",number);
  else  printf("%ld  is  not  huiwenshu\n",number);
}
```

5. 下面程序完成的功能是，用起泡法对十个数从大到小排序。

```
#include <stdio.h>
int main( )
{
  int a[11],i,j,t;
  printf("input 10 numbers: \n");
  for(i=1;i<11;i++)
    scanf("%d",&a[i]);
  printf("\n");
  for (j=1;j<=9;j++)
    for(i=1;____⑬____; i++)
        if (____⑭____)
          {____⑮____;
            a[i]=a[i+1];
            ____⑯____;}
  printf("the sorted numbers: \n");
  for (i=1; i<11; i++)
       printf("%d",a[i]);
}
```

6. 下面程序完成的功能是，将数组 a 中的 10 个整数，从第二个数起，分别将后项减前项之差存入数组 b 中，即 $a_n = a_{n-1} - a_{n-2}(n \geqslant 2)$，并按每行 3 个数输出数组 b。

```
#include <stdio.h>
int main( )
{int a[10],b[10],i
  for(i=0;i<10; i++)
    scanf("%d",&a[i]);
  for(i=1;____⑰____; i++)
    b[i]=____⑱____;
  for(i=1;i<10;i++)
    {printf("%3d",b[i]);
      if (____⑲____)
    printf("\n");}
}
```

7. 下面程序完成的功能是，从键盘输入 10 个整数并保存到数组，要求找出最小的数和它的下标，然后把它和数组中最前面的元素对换位置。

```
#include <stdio.h>
int main( )
{
  int i,array[10];
  int min,k=0;
  printf("\nPlease input array 10 elements\n");
  for(i=0;i<10;i++)
    scanf("%d",&array [i]);
  printf("Before exchange:\n");
  for(i=0;i<10;i++)
    printf("%5d",array[i]);
  min=array[0];
  for(i=1;i<10;i++)
  if(min>array[i])
    {min=____⑳____;
      k=i;}
  array[k]=____㉑____;
  array[0]=____㉒____;
  printf("\nAfter exchange:\n");
  for(i=0;i<10;i++)
      printf("%5d",array[i]);
  printf("\nk=%d\nmin=%d\n",k,min);
  }
```

8. 下面程序完成的功能是，从键盘输入 n 个从小到大的顺序排好的数列和一个数 insert_value，把 insert_value 插入到由这 n 个数组成的数列中，而且仍然保持从小到大的顺序，若 insert_value 比原有所有的数都大，则放在最后，比原有的数都小，则放在最前面。

```
#include <stdio.h>
int main()
{
  int i,n;
  double insert_value,orig_data[20],result_data[21];
  printf("\n Please input N (<=20):\n");
  scanf("%d",&n);
  printf("\nPlease enter %d value(from small to big)\n",n);
  for(i=0;i<n;i++)
    scanf("%lf",&orig_data[i]);
  printf("\nInput Insert value:");
  scanf("%lf",&insert_value);
  i=0;
  while(insert_value>____㉓____&&i<n)
  {  result_data[i]=orig_data[i];
    i++;}
  result_data[i]=insert_value;
  for(i=i+1;i<n+1;i++)
    result_data[i]=____㉔____;
  puts("\n");
  for(i=0;i<n+1;i++)
    {
      printf("%10.4lf",result_data[i]);
      if((i+1)%5= =0)  puts("\n");
    }
}
```

9. 求 Fibonacci 数列中前 20 个数，Fibonacci 数列的前两个数为 1，1，以后每一个数都是前两个数之和。Fibonacci 数列的前 n 个数为 1，1，2，3，5，8，13，用数组存放数列的前 20 个数，并输出之(按一行 5 个输出)。

```
#include <stdio.h>
#include <math.h>
int main()
{
  int i,data[20];
  data[0]=data[1]=1;
  for(i=2;i<20;i++)
    data[i]=____㉕____;
  printf("\n");
  for(i=0;i<20;i++)
  {
    printf("%7d",data[i]);
    if(____㉖____)  printf("\n");
  }
}
```

10. 下面程序完成的功能是，定义一个含有30个整型元素的数组，按顺序分别赋予从2开始的偶数；然后按顺序每5个数求出一个平均值，放在另一数组中并输出。

```
#include<stdio.h>
int main( )
{
  int a[30],b[6],sum=0,k,j=0;
  for(k=0;k<30;k++)
    a[k]= ______㉗______ ;
  for(k=0;k<30;k++)
    if(k%5==0&&k!=0)
      {______㉘______;
      j++;
      sum=0;
      sum=sum+a[k];
      }
    else sum= ______㉙______ ;
  b[j]=sum/5;
  for(j=0;j<6;j++)
    printf("%4d",b[j]);
}
```

(三) 程序改错

程序功能是将a数组中的最小值放在元素a[0]中，接着把a数组中的最大值放在a[1]元素中；再把a数组元素中的次小值放在a[2]中，把a所指数组元素中的次大值放在a[3]中；其余以此类推。n中存放a数组中数据的个数。

根据题目要求及程序中语句之间的逻辑关系对程序中的错误进行修改。

题中用“/ ****** found ****** /”来提示下一行中有错。

改错时，可以修改语句中的一部分内容，增加少量的变量说明或编译预处理命令，但不能增加其他语句，也不能删去整条语句。

如下含有错误的源程序：

```
#include <stdio.h>
#define N 10
void main( )
{ int a[N]={9,1,4,2,3,10,6,5,8,7};
  int i,j,max,min,px,pn,t;
  printf("\n The original data:\n");
  for (i=0; i<N; i++)
    printf("%4d",a[i]);
  for (i=0; i<N-1; i+=2)
  {
   / ************* found ************* /
    max=min=a[0]
    px=pn=i;
    for (j=i+1; j<N; j++)
```

```
        {
          if (max<a[j])
            {
              max=a[j];   px=j;
            }
          if (min>a[j])
            {
/************** found **************/
              min=j;   pn=j;
            }
        }
        if (pn!=i)
        {
          t=a[i];
          a[i]=min;
          /************** found **************/
          min=t;
          if (px==i)   px=pn;
        }
        if (px!=i+1)
        {
          t=a[i+1];
      /************** found **************/
          a[i]=max;
          a[px]=t;}
      }
      printf("\n The data after moving:\n");
      for (i=0; i<N; i++)   printf("%4d",a[i]);
      printf("\n");
}
```

【微信扫码】

习题解答&相关源程序

实验 7　二维数组

7.1　实验要求

1. 掌握二维数组的基本概念。
2. 二维数组的定义,引用及初始化。
3. 二维数组的输入输出。
4. 掌握与二维数组相关的算法。
5. 编写程序的文件名均采用以 ex7_题号.c 的形式命名,如【7.1】程序文件名为 ex7_1.c。

7.2　实验指导

1. 二维数组的基本概念

数组是最基本的构造数据类型,除了一维数组外,还有多维数组,在 C 语言中常用到的多维数组为按行和列的格式存放数据的数值表二维数组,引用二维数组的数组元素需要两个下标,即行下标和列下标,因此数组元素也称为双下标变量。二维数组主要解决二维表、数学中的矩阵以及数据在平面空间中的位置关系等。

二维数组定义的一般格式:

类型说明符 数组名[常量表达式 1][常量表达式 2]

二维数组具有如下的一些特点:

(1) 二维数组是具有平面性质的有序数据的集合;

(2) 二维数组的每一个数组元素都有一个行标和一个列标,且都从 0 开始编号;

(3) 数组中的每一个数组元素都属于同一个数据类型;

(4) 二维数组需用双重循环(双循环)的方式扫描数组中的每一个数组元素。

2. 二维数组的结构特点

二维数组定义时,一定要指明数组行和列的值,其值可以是常量也可以是符号常量,但一定不能是变量。

若有声明定义:int a[3][4];

该数组的数组名为 a,数组 a 中共有 3×4 个数组元素,且每个数组元素的数据类型都是整型数据，数组 a 存储空间的大小为 sizeof(int)×3×4。

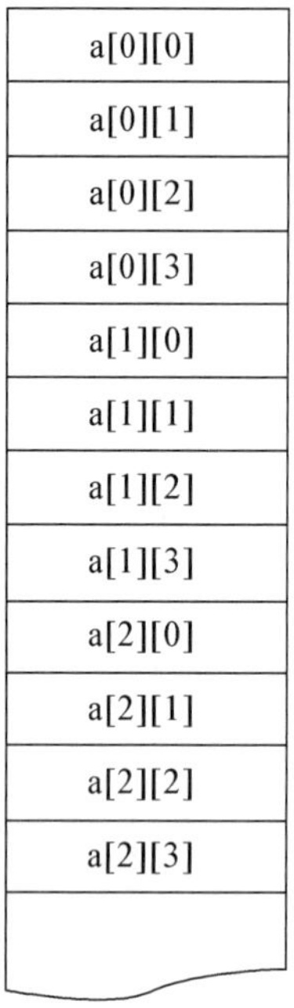

a[0][0]
a[0][1]
a[0][2]
a[0][3]
a[1][0]
a[1][1]
a[1][2]
a[1][3]
a[2][0]
a[2][1]
a[2][2]
a[2][3]

图 7.1　二维数组的内存存储形式

a[0][0]	a[0][1]	a[0][2]	a[0][3]
a[1][0]	a[1][1]	a[1][2]	a[1][3]
a[2][0]	a[2][1]	a[2][2]	a[2][3]

图7.2　二维数组元素的表示形式

二维数组 a 中的数组元素在内存中按行优先的线性方式存放，如图 7.1 所示，即先顺序存放第 0 行的元素，再顺序存放第 1 行的元素，依次类推顺序存放所有的数组元素。二维数组从形式上可看成是由行和列组成的矩阵形式，如图 7.2 所示。

引用二维数组元素时要指定两个下标，即引用的形式为：

数组名[行下标][列下标]

数组元素引用时，行下标和列下标可以是常量、符号常量和变量。

3. 二维数组的输入输出

二维数组的输入输出通常采用双循环结构实现。由于二维数组可看成由行列组成的矩阵，因此二维数组输出时常以矩阵的形式输出。

【例 1】 从键盘输入 6 个任意整数存入二维数组 a 中，并以 2×3 的矩阵形式输出。

```
#include <stdio.h>
void main( )
{
  int a[2][3],i,j;
  for(i=0;i<2;i++)                    /* 外循环控制行下标 */
    for(j=0;j<3;j++)                  /* 内循环控制列下标 */
      scanf("%d",&a[i][j]);           /* 数组元素的输入 */
   for(i=0;i<2;i++)
   {
      for(j=0;j<3;j++)
            printf("%d",a[i][j]);         /* 输出所有数组元素的值 */
```

```
        printf("\n");                  /* 该语句的作用是每输出完一行后换行 */
    }
}
```

输入测试数据:1 2 3 4 5 6

程序运行结果:1 2 3

4 5 6

要点:

(1) 通常情况下,二维数组采用双循环结构,外循环控制行,内循环控制列,但也有外循环控制列,内循环控制行的情况,要根据题意灵活应用。

(2) 二维数组输出时常以矩阵的形式输出,每行输出完后,必须换行。其输出模块为:

```
for(i=0;i<2;i++)
{
  for(j=0;j<5;j++)
     printf("%d",a[i][j]);
  printf("\n");                  /* 每行输出完后换行 */
}
```

(3) 若声明定义了两个数组 int a[3][4],b[3][4];即行数和列数都相等,在输出时仍要分成两个独立的双循环语句实现两个数组的输出。

```
#include <stdio.h>
void main( )
{
    int a[2][4]={1,2,3,4,5,6,7,8},b[2][4]={11,12,13,14,15,16,17,18};
    int i,j;
    printf("输出数组 a:\n");
    for(i=0;i<2;i++)                    /* 实现数组 a 的输出 */
    {
      for(j=0;j<4;j++)
            printf("%5d",a[i][j]);
      printf("\n");
    }
    printf("\n 输出数组 b:\n");
    for(i=0;i<2;i++)                    /* 实现数组 b 的输出 */
    {
      for(j=0;j<4;j++)
            printf("%5d",b[i][j]);
      printf("\n");
    }
}
```

程序运行结果:

```
输出数组 a:
1    2    3    4
5    6    7    8
```

输出数组 b：
11　12　13　14
15　16　17　18

4. 有关方阵的算法

任何方阵在程序设计时，均可采用二维数组的存储形式。方阵有两条对角线，即主对角线和辅对角线。

若有一个 N×N 的方阵，声明变量 i 与 j 分别控制方阵的行与列，则主对角线的行标与列标相等，辅对角线的行标与列标的和为(N－1)(数组的行列下标都是从 0 开始)，而其他区域的 i 与 j 的关系如图 7.3 所示。

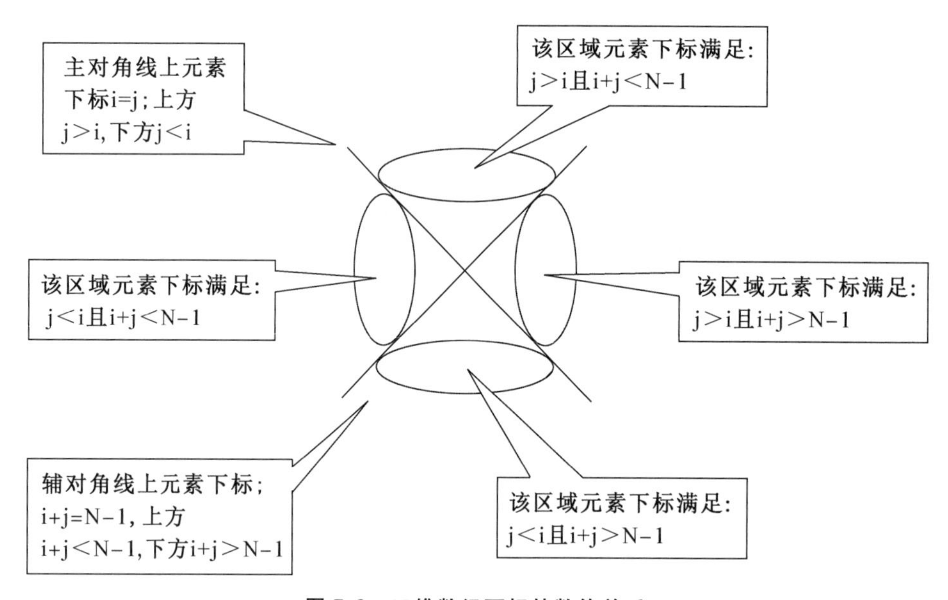

图 7.3　二维数组下标的数值关系

善于发现数组元素下标间内在的逻辑关系，是方阵算法的关键点。有时甚至要找出元素下标与元素值之间的关系。

【例 2】 计算 N×N 矩阵的主对角线和辅对角线所有元素的和。

```
#include <stdio.h>
#define N 4
void main( )
{
  int t[N][N],i,j,sum=0;
  for(i=0;i<N;i++)                    /*二维数组的输入*/
  for(j=0;j<N;j++)
    scanf("%d",&t[i][j]);
  printf("\n The original data:\n");
  for(i=0; i<N; i++)                  /*输出原二维数组*/
  {
    for(j=0; j<N; j++)
      printf("%4d",t[i][j]);
```

```
    printf("\n");
  }
  for(i=0;i<N;i++)
   for(j=0;j<N;j++)
   {
      if(i==j)                    /* 主对角线的行列下标相等 */
          sum+=t[i][j];
      if(i+j==N-1)                /* 辅对角线的行列下标关系是 i+j=N-1 */
          sum+=t[i][j];
   }
  printf("The result is:%d",sum);   /* 输出主对角线和辅对角线所有元素的和 */
}
```

输入测试数据:1　2　3　4
　　　　　　　5　6　7　8
　　　　　　　4　3　2　1
　　　　　　　8　7　6　5

程序运行结果:The original data:
　　　　　　　　1　2　3　4
　　　　　　　　5　6　7　8
　　　　　　　　4　3　2　1
　　　　　　　　8　7　6　5
　　　　　　　The result is:　36

要点:

(1) 题中要求 N×N 矩阵,N 的值在编程时一定要自行给定。

(2) 为了让程序的通用性更强,可利用宏定义#define 设置 *N* 的大小。

(3) 程序设计并不唯一,所以也可采用两个循环分别求主对角线元素的和与辅对角线元素的和。

程序段如下:

```
for(i=0; i<N; i++)
        sum+=t[i][i];                /* 累加主对角线元素 */
for(i=0; i<N; i++)
        sum+=t[i][N-i-1];            /* 累加辅对角线元素 */
```

5. 按规律生成矩阵

按一定规律生成一个新的矩阵,矩阵数据存储采用二维数组,因此主要是考虑数组元素下标与数组元素值之间的关系。如要产生一个如图 7.4 所示的矩阵。

根据观察,可考虑如下 3 种情况赋值:

(1) 当元素在主对角线上,即 i=j 时,a[i][j]=1;

(2) 当元素在主对角线下方,即 i>j 时,a[i][j]=6-i+j;

(3) 当元素在主对角线上方,即 i<j 时,a[i][j]=j-i+1;

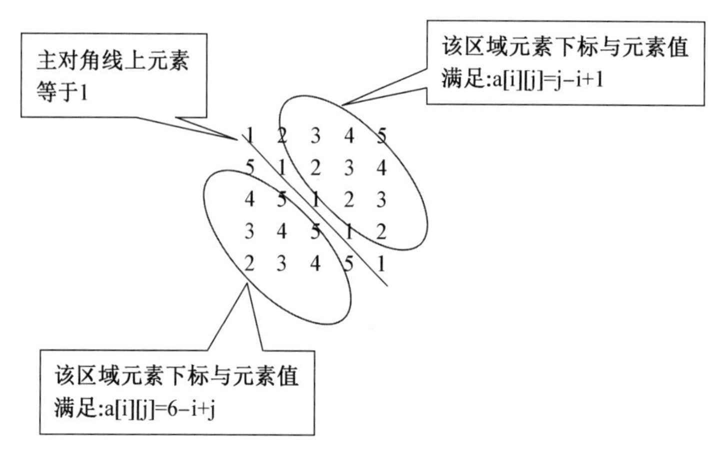

图 7.4 二维数组下标与数值关系

再比如按如下规律生成矩阵,从最外层向内数,第 1 圈元素的值全部为 1,第 2 圈元素的值全部为 2;第 3 圈元素的值全部为 3,…依次类推。

以 5×5 为例,观察寻找矩阵的特点,最外面 1 圈的元素,

第一行:a[0][0]、a[0][1]、a[0][2]、a[0][3]、a[0][4],值均为 1;

最后一行:a[4][0]、a[4][1]、a[4][2]、a[4][3]、a[4][4],值均为 1;

第一列:a[0][0]、a[1][0]、a[2][0]、a[3][0]、a[4][0],值均为 1;

最后一列:a[0][4]、a[1][4]、a[2][4]、a[3][4]、a[4][4],值均为 1。

同一行的行标相同,同一列的列标相同,依次类推。

采用两个循环结构,一个循环控制行元素的生成,另一循环控制列元素的生成。最后考虑总共要生成多少圈。若生成的矩阵为 N×N,当 N 为奇数时,一共有 N/2+1 圈,当 N 为偶数时,一共有 N/2 圈,圈数决定生成矩阵行与列的次数。

【例 3】 建立一个 N×N 的矩阵。矩阵元素的构成规律是:最外层元素的值全部为 1;从外向内第 2 层元素的值全部为 2;第 3 层元素的值全部为 3,…依次类推。

```
#include <stdio.h>
#define N 10
void main( )
{
  int a[N][N]={0},i,j,k,m,n;
  printf("Input n(n<%d)\n",N);
  scanf("%d",&n);
  if(n%2==0)
    m=n/2;                              /*偶数圈*/
  else
    m=n/2+1;                            /*奇数圈*/
  for(i=0; i<m; i++)
  {
    for(j=i;j<n-i;j++)
      a[i][j]=a[n-i-1][j]=i+1;          /*一圈中,相等的两行进行赋值*/
    for(k=i; k<n-i; k++)
      a[k][i]=a[k][n-i-1]=i+1;          /*一圈中,相等的两列进行赋值*/
```

```
    }
    printf("\n The result is:\n");
    for(i=0; i<n; i++)
    {
      for(j=0; j<n; j++)
        printf("%3d",a[i][j]);
      printf("\n");
    }
}
```

第 1 次运行程序

输入测试数据:4

程序运行结果:The result is:

```
1  1  1  1
1  2  2  1
1  2  2  1
1  1  1  1
```

第 2 次运行程序

输入测试数据:9

程序运行结果:The result is:

```
1  1  1  1  1  1  1  1  1
1  2  2  2  2  2  2  2  1
1  2  3  3  3  3  3  2  1
1  2  3  4  4  4  3  2  1
1  2  3  4  5  4  3  2  1
1  2  3  4  4  4  3  2  1
1  2  3  3  3  3  3  2  1
1  2  2  2  2  2  2  2  1
1  1  1  1  1  1  1  1  1
```

要点:

(1) 在二维数组的相关题目中,能够正确找到各数下标的变化规律显得尤为重要,当同一行中各数变化时,需要将行标保持不变,列标进行循环;当同一列中各数变化时,需要将列标不变,行标进行循环。

(2) 本题中,矩阵的秩 N 决定了外层循环的次数。

6. 矩阵的相关算法

矩阵的求解问题,如两矩阵求和、矩阵转置、两矩阵求乘积等是二维数组应用之一。

两矩阵相加的原则是,矩阵中对应元素相加,两个矩阵能相加的前提是两矩阵为同大小矩阵,即两矩阵的行与列相同。

矩阵 ***A***:a[4][4];矩阵 ***B***:b[4][4];矩阵 ***C***:c[4][4];则和矩阵 ***C*** 的元素:

c[i][j]=a[i][j]+b[i][j];

矩阵转置是指一个矩阵的行转换为另一个矩阵的列。

矩阵 **A**:a[4][5];矩阵 **B**:b[5][4];则转置矩阵 **B** 的元素:

$$b[j][i]=a[i][j];$$

两矩阵求乘积是第一个矩阵的第 i 行乘以第二个矩阵的第 j 列之和作为新矩阵的第 i 行第 j 列元素,两矩阵求乘积的前提是一个矩阵的列数与另一个矩阵的行数必须相等。

矩阵 **A**:a[3][4];矩阵 **B**:b[4][5];矩阵 **C**:c[3][5];则积矩阵 **C** 的元素:

$$c[i][j]=\sum_{k=0}^{3}a[i][k]\times b[k][j];$$

【例 4】 计算矩阵 **A** 与 **A** 的转置矩阵相加后的矩阵。

```
#include <stdio.h>
#define N 3
void main()
{
  int a[N][N]={1,2,3,4,5,6,7,8,9},b[N][N],c[N][N];
  int i,j;
  for(i=0;i<3;i++)                          /*计算转置矩阵*/
    for(j=0;j<3;j++)
      b[j][i]=a[i][j];
  for(i=0;i<3;i++)                          /*计算两个矩阵相加*/
    for(j=0;j<3;j++)
      c[i][j]=a[i][j]+b[i][j];
  printf("原矩阵为:\n");
  for(i=0;i<3;i++)
  {
    for(j=0;j<3;j++)
      printf("%7d",a[i][j]);
    printf("\n");
  }
  printf("转置矩阵为:\n");
  for (i=0;i<3;i++)
  {
    for (j=0;j<3;j++)
      printf("%7d",b[i][j]);
    printf("\n");
  }
  printf("两矩阵相加后为:\n");
  for (i=0;i<3;i++)
  {
    for (j=0;j<3;j++)
      printf("%7d",c[i][j]);
    printf("\n");
  }
}
```

程序运行结果：

```
原矩阵为：
    1    2    3
    4    5    6
    7    8    9
转置矩阵为：
    1    4    7
    2    5    8
    3    6    9
两矩阵相加后为：
    2    6    10
    6    10   14
    10   14   18
```

要点：

(1) 矩阵的相关求解，常采用双循环实现。

(2) 矩阵的转置和变换是二维数组中的一个考查重点，二维数组中数据的变化主要取决于下标的变化规律。

(3) 程序设计的编程是灵活变动的，也可在一个双循环中同时完成求矩阵转置和矩阵求和两个功能。

修改程序段如下：

```
for(i=0;i<3;i++)
  for(j=0;j<3;j++)
  {
    b[i][j]=a[j][i];                  /*计算转置矩阵*/
    c[i][j]=a[i][j]+b[i][j];          /*计算两个矩阵相加*/
  }
```

7.3 实验内容

1. 夯实基础

【7.1】 编程实现，从键盘输入任意 8 个整数存入一维数组，然后转存到 2×4 的二维数组中。

输入测试数据：1　2　3　4　5　6　7　8

程序运行结果：

```
Barray:
  1  2  3  4
  5  6  7  8
```

【7.2】 编程实现,求下列如图7.5所示的方阵。

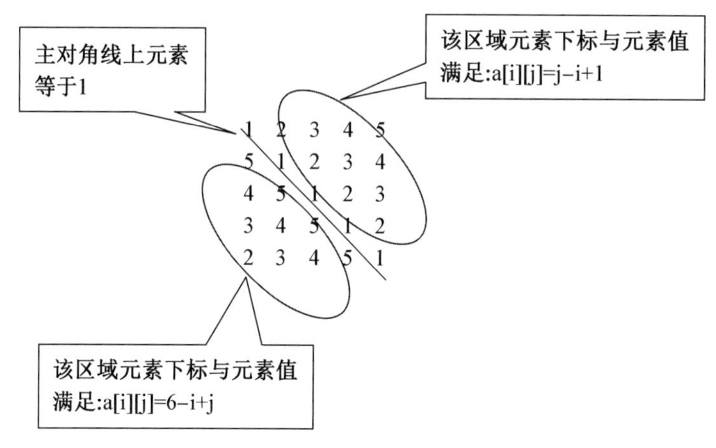

图 7.5 方阵示意图

【7.3】 编程实现,将a所指4×3矩阵中第k(k=2)行的元素与第0行元素交换。

输入测试数据:1 2 3
4 5 6
7 8 9
10 11 12

程序运行结果:

```
The array before moving:
    1    2    3
    4    5    6
    7    8    9
    10   11   12
The array after moving:
    7    8    9
    4    5    6
    1    2    3
    10   11   12
```

【7.4】 编程实现,打印杨辉三角。

程序运行结果:

```
1
1    1
1    2    1
1    3    3    1
1    4    6    4    1
1    5    10   10   5    1
```

【7.5】 编程实现,输入 5 位学生的三门课程的考试成绩,计算每门课程的平均成绩、最高分与最低分。

输入测试数据:45　87　90
76　84　84
71　85　97
56　67　89
82　65　56

程序运行结果:

每门课程的平均成绩:
66.00　77.60　83.20
每门课程的最高分:
82　87　97
每门课程的最低分:
45　65　56

【7.6】 编程实现,已有 N×M 的矩阵,对矩阵的全部元素做如下变换,若该数是素数则置 0,否则置 1。输出变换后的矩阵。

输入测试数据:3　4　5　6　8
13　6　12　56　32
2　4　16　11　27

程序运行结果:0　1　0　1　1
0　1　1　1　1
0　1　1　0　1

2. 应用提高

【7.7】 定义两个矩阵,编程求这两个矩阵的乘积。

【7.8】 设计一个"校园歌手赛"评分系统。系统功能:每位评委的姓名用整数编号表示,共十位评委,有二十位参赛选手,参赛选手的姓名也用整数编号。评分规则是十位评委为选手打分,去掉一位最高分,一位最低分,求平均分作为选手的最后得分,选取前十位选手设置奖项,一等奖 2 名,二等奖 3 名,三等奖 5 名。

7.4 实训练习

(一) 选择题

1. 若有定义:int a[3][3];,则对 a 数组元素的正确引用是______。

   A. a(1,2)　　B. a[1,3]　　C. a[1>2][!1]　　D. a[3][0]

2. 若有定义:int a[3][3];,则对 a 数组元素的不正确引用是______。

   A. a[0][0]　　B. a[1][2]　　C. a[1>2][!1]　　D. a[3][0]

3. 下列选项不能正确定义数组的语句是______。

   A. int a[2][3];

   B. int b[ ][3]={0,1,2,3};

   C. int c[100][ ]={0};

   D. int d[ ][4]={{1,2},{1,2,3},{1,2,3,4}};

4. 若有定义,int t[3][2]={1,2,3,4,5,6};,则数值为 4 的数组元素是______。

   A. t[1][0]　　B. t[2][1]　　C. t[1][1]　　D. t[3]

5. 若有定义,int m[ ][3]={1,2,3,4,5,6};,则 m[1][0]的值是______。

   A. 4　　B. 1　　C. 2　　D. 5

6. 若有定义,int n[5][6],则能正确表示第 10 个数组元素的是______。

   A. n[2][5]　　B. n[2][4]　　C. n[1][3]　　D. n[1][4]

7. 若二维数组 c 有 m 列,则计算任一元素 c[i][j]在数组中的位置的公式为______。

   A. i*m+j　　B. j*m+i　　C. i*m+j-1　　D. i*m+j+1

8. 若有定义,float x[3][3]={{1.0,2.0,3.0},{4.0,5.0,6.0}};,则表达式 x[1][1]*x[2][2]的值是______。

   A. 0.0　　B. 4.0　　C. 5.0　　D. 6.0

9. 若有定义,int a[ ][4]={0,0};,则下列叙述不正确的是______。

   A. 数组 a 的每个元素都可以得到初值 0

   B. 二维数组 a 的第一维的大小为 1

   C. 数组 a 的行数为 1,且共有两个元素,元素值均为 1

   D. 元素 a[0][0]和 a[0][1]可得到初值 0,其余元素自动赋初值 0

10. 若有定义,int a[3][3]={1,2,3,4,5,6,7,8,9},i;,则下列语句的输出结果是______。

```
for (i=0;i<=2;i++)   printf("%d",a[i][2-i]);
```

   A. 3 5 7　　B. 3 6 9　　C. 1 5 9　　D. 1 4 7

11. 若有说明语句:int a[][3]={1,2,3,4,5,6,7,8,9};, 则数组 a 的行数为______。

   A. 不确定　　B. 1　　C. 2　　D. 3

12. 下列选项不能对二维数组 a 进行正确初始化的语句是______。

   A. int a[ ][3]={0};　　B. int a[ ][ ]={{1,2},{0}};

C. int a[2][3]={{1,2},{3,4}};　　　　D. int a[ ][3]={1,2,3,4,5,6};

13. 下列选项能对二维数组 a 进行正确说明和初始化的语句是______。

A. int a( )(3)={(1,0,1),(2,4,5)};

B. int a[2][ ]={{3,2,1},{5,6,7}};

C. int a[ ][3]={{3,2,1},{5,6,7}};

D. int a(2)( )={(1,0,1),(2,4,5)};

14. 若有说明:int a[3][4]={1,2,3,4,5};,则下面正确的叙述是:______。

A. 数组元素 a[3][3]可以得到初值 0

B. 该数组的最后一个元素是 a[3][4]

C. 数组 a 中没有赋值的元素均为 0

D. 数组 a 中没有赋值的元素均为系统随机值

15. 有以下程序

```
#include <stdio.h>
int main( )
{
  int a[4][4]={{1,3,5,7}};
  int b[4][4]={{1},{3},{5},{7}};
  printf("%d%d%d%d\n",a[0][3],b[1][2],a[2][1],b[3][0]);
}
```

程序运行后的输出结果是______。

A. 7007　　B. 1357　　C. 1537　　D. 输出值不定

16. 有以下程序

```
#include <stdio.h>
int main( )
{
  intaa[4][4]={{1,2,3,4},{5,6,7,8},{3,9,10,2},{4,2,9,6}};
  inti,s=0;
  for(i=0;i<4;i++)   s+=aa[i][1];
  printf("%d\n",s);
}
```

程序运行后的输出结果是______。

A. 11　　B. 19　　C. 13　　D. 20

17. 有以下程序

```
#include <stdio.h>
int main( )
{
  int a[3][3]={{1,2},{3,4},{5,6}},i,j,s=0;
    for(i=1;i<3;i++)
      for(j=0;j<=i;j++)   s+=a[i][j];
    printf("%d\n",s);
}
```

程序运行后的输出结果是______。

A. 18　　B. 19　　C. 20　　D. 21

18. 若定义如下变量和数组：

int i;

int x[4][4]={1,2,3,4,5,6,7,8,9,10,11,12,13,14,15,16};

则下面语句的输出结果是______。

for(i=0;i<4;i++) printf("%d ",x[i][3-i]);

A. 1 5 9 13　　B. 1 4 7 10　　C. 4 7 10 13　　D. 3 6 9 12

19. 有以下程序

```
#include <stdio.h>
int main()
{
  int a[3][3]={0,1,2,0,1,2,0,1,2},i,j,s=1;
  for(i=0;i<3;i++)
    for(j=i;j<=i;j++)
    s+=a[i][a[j][j]];
  printf("%d\n",s);
}
```

程序运行后的输出结果是______。

A. 4　　B. 3　　C. 1　　D. 9

20. 有以下程序

```
#include <stdio.h>
int main()
{
  int i,j,a[5][5]={0};
  for(i=0;i<5;i++)
    for(j=0;j<5;j++)
      if(i==j || i==4-j)
        a[i][j]=1;
  for(i=0;i<5;i++)
    {
      for(j=0;j<5;j++)
        printf("%2d",a[i][j]);
      printf("\n");
    }
}
```

程序运行后输出第3行的结果是______。

A. 1 0 0 0 1　　B. 0 1 0 1 0　　C. 0 1 1 1 0　　D. 0 0 1 0 0

(二) 程序填空

1. 输出杨辉三角(要求打印出10行)。杨辉三角最本质的特征是，它的两条斜边都是由数字1组成的，而其余的数则是等于它上面的两个数之和。

```
#include <stdio.h>
int main()
{
  int a[10][10],i,j;
  for(i=0;i<10;i++)
```

```
  {  ____①____;          //第 1 列赋 1 值
     ____②____;}         //斜边赋 1 值
  for(i=2; i<10; i++)
    for(j=1; j<i; j++)
      a[i][j] = ____③____ ;
  for(i=0; i<10; i++)
    {
      for(j=0; j<=i; j++)
        printf("%5d",a[i][j]);
  printf("\n");}
}
```

2. 下列程序的功能是,求矩阵 ***a***,***b*** 的和(两矩阵之和是指对应元素相加),结果存入矩阵 ***c*** 中,并按矩阵形式输出。

```
#include <stdio.h>
int main( )
{
  int a[3][4]={{7,5,-2,3},{1,0,-3,4},{6,8,0,2}};
  int b[3][4]={{5,-1,7,6},{-2,0,1,4},{2,0,8,6}};
  int i,j,c[3][4];
  for(i=0; i<3; i++)
    for(j=0; j<4; j++)
       c[i][j]= ____④____ ;
  for(i=0; i<3; i++)
  {for (j=0; j<4; j++)
      printf ("%3d",c[i][j]);
      ____⑤____}
}
```

3. 矩阵转置。通常矩阵以二维数组的形式存储。矩阵转置即将一个 $n \times m$ 二维数组的行和列元素互换,存到另一个 $m \times n$ 的二维数组中。

```
#include <stdio.h>
int main( )
  {
  inti,j,k,a[2][3],b[3][2];
  printf("input 2 * 3 integer\n");
  for(i=0;i<2;i++)
    for(j=0;j<3;j++)
      scanf("%d",&a[i][j]);
  for(i=0;i<2;i++)
    for(j=0;j<3;j++)
      ____⑥____;
  printf("The Result is:\n");
  for(i=0;i<3;i++)
  {  for(j=0;j<2;j++)
        printf("%d",b[i][j]);
```

```
        printf("\n");
    }
}
```

4. 下列程序的功能是，输入任意的25个整数存入5×5二维数组，计算二维数组周边元素及对角线元素之和，并输出该数组最小的元素值。

```
#include <stdio.h>
int main()
{int a[5][5],i,j,sum=0,min;
  for(i=0;i<5;i++)
    for(j=0;j<5;j++)
      scanf("%d",&a[i][j]);
  min=a[0][0];
  for(i=0;i<5;i++)
    for(j=0;j<5;j++)
    {
      if(i==0||i==4) sum=sum+a[i][j];
      else if(j==0||____⑦____) sum=sum+a[i][j];
      else if(i==j)    sum=sum+a[i][j];
      else if(____⑧____==4) sum=sum+a[i][j];
      if(min>____⑨____)min=a[i][j];
    }
  printf("sum=%d,min=%d",sum,min);
  }
```

5. 下列程序的功能，输出如下方阵：(提示：一圈一圈地赋值。)

```
1  1  1  1  1  1  1
1  2  2  2  2  2  1
1  2  3  3  3  2  1
1  2  3  4  3  2  1
1  2  3  3  3  2  1
1  2  2  2  2  2  1
1  1  1  1  1  1  1
```

```
#define N 7
#include <stdio.h>
int main()
{
  int k,i,j,a[N][N];
  for(k=1;k<=____⑩____;k++)
    for(j=k-1;j<=N-k;j++)
      a[k-1][j]=a[j][k-1]=a[N-k][j]=____⑪____=k;
  for(i=0;i<N;i++)
  {
    for(j=0;j<N;j++) printf("%2d",a[i][j]);
```

```
    ____⑫____ ;}
}
```

6. 下列程序的功能是输入 5 名学生的三门课程的考试成绩，计算每位学生考试成绩的平均分。

```
#include <stdio.h>
#define N 5
#define M 4
int main( )
{   float a[N][M]={0};
     inti,j;
     for(i=0;i<N;i++)
       for(j=0;j<M-1;j++)
         scanf("%f",&a[i][j]);
   for(i=0;i<N;i++)
     for(j=0;j<M-1;j++)
       ____⑬____ ;
   for(i=0;i<N;i++)
       ____⑭____ ;
   for(i=0;i<N;i++)
   printf("%.2f  ",a[i][3]);
}
```

7. 下列程序的功能是，在 3×3 的矩阵中找出在行上最大、在列上最小的那个元素(即鞍点)，若没有符合条件的元素，则输出“没有鞍点”。

```
#include <stdio.h>
void main( )
{
   int i,j,k,a[3][3],max,maxj,flag;
   printf("请输入一个 3*3 的数组:\n");
   for(i=0;i<=2;i++)
     for (j=0;j<=2;j++)
         scanf("%d",&a[i][j]);
   for(i=0;i<=2;i++)
   {
     max=a[i][0];                    /*将第i行的第1个元素作为最大值*/
     maxj=0;                         /*maxj记住最大值所在的列号*/
     for(j=0;j<=2;j++)               /*找出第i行中的最大数*/
       if(a[i][j]>max)
       {
            max=a[i][j];
            ____⑮____ ;
       }
```

```
      flag=1;                          /* 假设是鞍点,以 flag 为 1 代表 */
      for(k=0;k<=2;k++)
        if(flag&&max> ____⑯____ )      /* 将最大数和同列元素相比 */
            ____⑰____;                 /* 若 max 不是同列最小,则赋 flag 为 0 */
      if(flag)                         /* 如果 flag 为 1 表示是鞍点 */
      {
          printf("find:a[%d][%d]=%d\n",i,maxj,max);
        break;
      }
    }
    if( ____⑱____ )                    /* 如果 flag 为 0 表示鞍点不存在 */
  printf("没有鞍点\n");
  }
```

8. 下列程序的功能是,将 $N\times N$ 矩阵中元素的值按列右移一个位置,右边被移出矩阵的元素绕回左边。

```
#include <stdio.h>
#define N 4
void main()
{
  int t[][N]={21,12,13,24,25,16,47,38,29,11,32,54,42,21,33,10},i,j,x;
  printf("The original array:\n");
  for(i=0; i<N; i++)
  {
      for(j=0; j<N; j++)
            printf("%2d",t[i][j]);
      printf("\n");
  }
  for(i=0; ____⑲____ ; i++)
    {
      x=t[i][ ____⑳____ ];             /* 每行的最后一个数据保存到 x 中 */
      for(j=N-1; j>=1; j--)
          t[i][j]=t[i][j-1];           /* 每行的数据后移一列 */
      t[i] [ ____㉑____ ]=x;            /* 每行的最后一个数据放入每行的首位 */
    }
    printf("\n The result is:\n");
    for(i=0; i<N; i++)
    {
      for(j=0; j<N; j++)
          printf("%2d",t[i][j]);
        ____㉒____;
    }
}
```

（三）程序改错

有 N×N 矩阵，以主对角线为对称线，对称元素相加并将结果存放在左下三角元素中，右上三角元素置为 0。请在程序的下划线处填入正确的内容并把下划线删除，使程序得出正确的结果。注意：不得增行或删行，也不得更改程序结构。

根据题目要求及程序中语句之间的逻辑关系对程序中的错误进行修改。

题中用"/ ****** found ****** /"来提示在下一行有错。

改错时，可以修改语句中的一部分内容，增加少量的变量说明或编译预处理命令，但不能增加其他语句，也不能删去整条语句。

程序运行结果：

```
The original array:
21  12  13  24
25  16  47  38
29  11  32  54
42  21  33  10
The result is:
21  0   0   0
37  16  0   0
42  58  32  0
66  59  87  10
```

如下含有错误的源程序：

```
#include <stdio.h>
#define N 4
void main()
{
    int t[][N]={21,12,13,24,25,16,47,38,29,11,32,54,42,21,33,10},i,j;
    printf("\n The original array:\n");
    for(i=0; i<N; i++)
    {
      for(j=0; j<N; j++)
            printf("%2d",t[i][j]);
      printf("\n");
    }
    for(i=1; i<N; i++)
    {
        for(j=0; j<i; j++)
        {
    / *********** found *********** /
            t[j][i] =t[i][j]+t[j][i];
    / *********** found *********** /
            t[i][j]=0;
        }
    }
```

```
    printf("\n The result is:\n");
    for(i=0; i<N; i++)
      {
          for(j=0; j<N; j++)
            printf("%2d",t[i][j]);
          printf("\n");
      }
}
```

【微信扫码】
习题解答&相关源程序

实验 8　字符数组

8.1 实验要求 

1. 掌握字符串的概念及其存储方法。
2. 掌握字符数组的定义、赋值和输入输出的方法。
3. 掌握字符串输入输出格式控制符%s 的使用。
4. 掌握字符串处理函数的使用。
5. 掌握与字符数组相关的算法。
6. 编写程序的文件名均采用以 ex8_题号.c 的形式命名，如【8.1】程序文件名为 ex8_1.c。

8.2 实验指导 

1. 字符串的概念及其存储方法

字符常量是由一对单引号引起来的一个字符，而字符串常量是由一对双引号引起来的字符序列。字符串中可包含字母，数字以及任意符号。如“CHINA”“@＃12”“1”等都是合法的字符串常量。

字符串总是以'\0'作为串的结束符。

注意，字符常量'a'和字符串常量"a"的区别，字符常量'a'在内存中只占一个存储单元(1 个字节)，而字符串常量"a"在内存中占 2 个连续的存储单元(2 个字节)，但字符串的实际长度为 1。

在 C 语言中没有专门的字符串变量，通常用一个字符数组来存放一个字符串。即字符串的存储是从首字符开始依次存储在一片连续的存储单元，所占内存大小为字符串实际长度加字符串结束标志'\0'(ASCII 码值为 0)。

字符串的返回值是第一个字符的地址，因此对字符串操作的两个关键问题：一是字符串的首地址；另一是字符串的结束标志'\0'。

通常情况下，对一个字符串的操作，采用一维字符数组，数组长度至少为字符串的实际长度加字符串的结束标志；对多个(2 个或 2 个以上)字符串操作，采用二维字符数组，二维字符数组的第一个下标为字符串的个数，第二个下标至少为多个字符串中最长字符串的实际长度加的个数。

2. 字符数组及初始化

字符数组是指每个元素存放一个字符型数据的数组，字符数组的定义和引用方式与数组是相同的。

字符数组初始化的方法有两种：

(1) 逐个字符赋值的形式，这种方式每个字符需用单引号引起来。如：

char ch[9]={'C','p','r','o','g','r','a,'m'}；　或 char ch[9]={'C','p','r','o','g','r','a','m','\0'}；

初始化时，若要使字符数组中存储的字符按字符串操作，则字符数组的长度定义需比实际字符序列的个数至少多1。

(2) 直接用字符串常量赋值。如：

```
char ch[9]="Cprogram";
```

用字符串常量赋值时，系统会在字符串的末尾自动加'\0'。因此字符数组的长度必须大于字符串的实际长度。

3. 字符数组的输入输出

字符数组的输入和输出与普通数组一样，采用循环结构，用 scanf 函数和 printf 函数，使用格式符%c 实现输入输出，或用 getchar 函数和 putchar 函数实现输入输出每个字符。如有定义 char str[12]。

输入：

```
for(i=0; i<12; i++)
    scanf("%c",&str[i]);
for(i=0; i<12; i++)
    str[i]=getchar();
```

输出：

```
for(i=0; i<12; i++)
    printf("%c",str[i]);
for(i=0; i<12; i++)
    putchar(str[i]);
```

字符数组中的字符串也可整体输入输出。用 scanf 函数和 printf 函数，采用格式控制符%s 来实现输入输出，此时函数输入输出的参数是数组名。如：

```
scanf("%s",str);        /*str 是数组名,不要加 & 地址符*/
printf("%s",str);       /*str 是数组名,不能写成数组元素*/
```

或用 gets 函数和 puts 函数实现输入输出。

如：

```
gets(str);
puts(str);
```

scanf 函数与 gets 函数的区别：

(1) scanf 函数输入时，遇到空格、Tab 键、回车时，都视为'\0'，即输入结束。

(2) gets 函数一次只能接收一个字符串，输入字符串时以回车结束输入。

(3) 输入的字符串要求带有空格时，采用 gets 函数输入，若要求不带空格时，gets 函数和 scanf 函数用哪一个都可以。

【例 1】 用字符串“Cprogram”初始化数组 ch，输入字符串“Happy”，存入字符数组 str 中，并输出这两个字符串。

```
#include <stdio.h>
void main()
  {
   char str[6],ch[]="Cprogram";
   printf("please input a string:\n");
   gets(str);                          /*字符串输入*/
   printf("%s\n%s",ch,str);            /*字符串输出*/
  }
```

输入测试数据:Happy

程序运行结果:Cprogram

Happy

要点:

(1) 字符串输出若采用 puts 函数时,该函数一次只能输出一个字符串,若要输出多个字符串,就必须用多条 puts 函数语句。如程序中用 puts 函数输出两个字符串,程序修改如下。

```
#include <stdio.h>
void main()
  {
   char str[6],ch[]="Cprogram";
   printf("please input a string:\n");
   gets(str);                   /*字符串输入*/
   puts(ch);
   puts(str);                   /*字符串输出*/
  }
```

(2) 用 puts 函数输出时,将字符串结束标志'\0'转换成'\n',即输出字符串后换行。

4. 常用的字符串函数

字符串操作时,除了上面的输入、输出函数外,还有其他常用的字符串函数。字符串处理函数包含在头文件 string.h 中,在使用时,需要在函数外加预处理命令行。

#include <string.h>

常用的字符串函数有:

(1) 字符串连接函数 strcat()

① 格式:strcat(字符数组1,字符数组2)。

② 功能:连接两个字符串,把字符数组2中的字符串连接到字符数组1中的字符串的串标志'\0'处,并返回字符数组1中的字符串的首地址。

(2) 字符串拷贝函数 strcpy()

① 格式:strcpy (字符数组1,字符数组2)。

② 功能:把字符数组2中的字符串拷贝到字符数组1中,串结束标志'\0'也一同拷贝,该函数返回字符数组1的首地址。字符数组2,也可以是一个字符串常量,这时相当于把一个字符串赋给另一字符数组。

(3) 字符串比较函数 strcmp()

① 格式:strcmp(字符串1,字符串2)。

② 功能:比较两个字符串的大小,返回比较结果。

字符串比较的规则:按两个字符串自左至右逐个字符以该字符的ASCII码值的大小进行比较,若全部字符相同,则视两个字符串相等,若出现第一对不同的字符或遇到'\0'终止,且以这一对字符的ASCII代码值的大小决定这两个字符串的大小。因此字符串比较函数返回的值有三类,正整数、零和负整数。

字符串1 = 字符串2,则函数值为0,即strcmp(字符串1,字符串2)==0;

字符串1 > 字符串2,则函数值为一个正整数,即strcmp(字符串1,字符串2)>0;

字符串1 < 字符串2,则函数值为一个负整数,即strcmp(字符串1,字符串2)<0。

(4) 求字符串长度函数strlen()

格式:strlen(字符数组)。

功能:求字符串的实际长度(不含字符串结束标志'\0'),并作为函数返回值。若该字符串中有多个字符串结束标志'\0',则该字符串的长度到第一个串结束标志为止。

【例2】 输入5个字符串,将其中长度最长的字符串和最大的字符串输出。

```
#include <stdio.h>
#include <string.h>
void main()
{
  char str[10],len[10],max[10]="";
  int i,longest=0;
  for(i=0;i<5;i++)
  {
    scanf("%s",str);
    if(strlen(str)>longest)
    {
      longest=strlen(str);
      strcpy(len,str);
    }
    if(strcmp(max, str)<0)
      strcpy(max,str);
  }
  printf("the longest string is: %s\n", len);
  printf("the most string is :%s",max);
}
```

输入测试数据:how to win the victory next time.

程序运行结果:the longest string is: victory

the most string is: win

要点:

(1) scanf函数输入字符串遇到空格为'\0',所以输入的测试数据可看成是输入了5个字符串。

(2) 求最大串时,存放最大串的字符数组max,初始化为空串,空串的长度为0。

(3) 用二维字符数组存放5个字符串,即定义为:char str[5][10]。

其中，str[0]，str[1]，str[2]，str[3]，str[5]分别是 5 个字符串的首地址。程序可修改为：

```
#include <stdio.h>
#include <string.h>
void main( )
{
  char str[5][10],len[10],max[10]="";
  int i,longest=0;
  for(i=0;i<5;i++)                    /* 输入 5 个字符串，存入数组 str 中 */
    scanf("%s",str[i]);
  for(i=0;i<5;i++)
  {
    if(strlen(str[i])>longest)
    {
      longest=strlen(str[i]);
      strcpy(len,str[i]);
    }
    if(strcmp(max,str[i])<0)
      strcpy(max,str[i]);
  }
  printf("the longest string is:%s\n",len);
  printf("the most string is :%s",max);
}
```

5. 字符串逆序存放

将任意一个字符串存入字符数组 str 中，一个字符串按逆序存放的算法是，只需将第一个字符和最后一个字符交换，第二个字符和倒数第二个字符交换，依次类推，即可实现逆序。

从键盘输入任意的字符串，这里存储字符串的字符数组的长度需给定，通常情况下，可给一个较大的长度，如 char str[79]；而 79 并不代表输入字符串的实际长度，而是要求输入的字符串的长度在 78 以内。

因此对输入的任意字符串，如何确定其长度是编程的关键点，可采用两种方法解决此问题：一是借助求字符串长度函数 strlen()；二是采用循环语句求字符串的实际长度。

【例 3】 对输入的任意一个字符串按逆序存放。

```
#include <stdio.h>
#include <string.h>                   /* 用到字符串处理函数需添加 string.h 头文件 */
void main( )
{
  char str[80],t;
  int i,j;
  printf("please input a string:\n");
  gets(str);                          /* 字符串输入 */
  j=strlen(str)-1;                    /* 确定字符串最后一个字符的下标 */
  for(i=0; i<j; i++,j-)               /* 借助循环实现逆序存放 */
  {
```

```
      t=str[j];
      str[j]=str[i];
      str[i]=t;
    }
  printf("the inversed string is:\n");
  puts(str);                              /*逆序字符串输出*/
}
```

输入测试数据:hello c

程序运行结果:c olleh

要点:

(1) 程序用到字符串求长度函数 strlen,使用字符串函数时,需在本程序包含头文件"string. h"。在 main 函数外部加预处理命令#include <string. h>。

(2) strlen 函数是求串的实际长度,不包括'\0'。因为数组下标是从 0 开始,所以最后一个字符的下标应为 strlen(str)-1。

(3) 本题设置了两个下标变量 i 和 j;其中,i 指向第 0 个字符,j 指向最后一个字符。通过 i++和 j--的移动,分别实现字符的交换。

(4) 程序编程方法有多样性,还可以只借助一个下标变量来实现逆序。修改程序如下,

```
#include <stdio.h>
#include <string.h>
void main()
{
  char str[80],t;
  int i;
  gets(str);
  for(i=0;i<(strlen(str))/2; i++)
    {
    t=str[i];                    /*第 i 个字符与第 strlen(str)-i-1 个字符互换*/
    str[i]=str[strlen(str)-i-1];
    str[strlen(str)-i-1]=t;
  }
  puts(str);
}
```

(5) 计算任意字符串的长度也可采用循环语句实现,如下程序段,求字符串 str 的长度。

```
n=0;
while(str[n]!='\0')    n++;              /*计算字符串的实际长度*/
```

6. 字符串中字符的删除

删除字符串中的指定字符或删除字符串中连续出现的重复字符,是字符串操作的常用算法。

已有任意的一串字符,删除该字符串中的空格,则空格为指定字符。

设有定义 char st[79] ="I wanted to change the world",str[79];

常用算法,引入一个新的字符数组 str,将不是空格的字符存入该字符数组中,字符数组

str 只是存储了除空格外的所有字符,但不是字符串,必须在最后一个字符末加'\0'。

【例 4】 已有任意的一串字符,删除该字符串中的空格。

```
#include <stdio.h>
void main()
{
  char st[79]="I wanted to change the world",str[79];
  int i=0,j=0;
  while(st[i]!='\0')
  {
    if(st[i]!=' ')
      str[j++]=st[i];
    i++;
  }
  str[j]='\0';                                /*产生的新字符序列的末尾加'\0'*/
  printf("%s\n%s",st,str);
}
```

程序运行结果:I wanted to change the world
Iwantedtochangetheworld

要点:

(1) 字符串操作的关键点是看有没有到字符串末,因此 st[i]! ='\0'也常作为循环条件。

(2) 新的字符序列只有加了'\0',才能按字符串操作。

(3) 字符数组 str 的下标,也代表了新字符序列的字符个数。

(4) 也可利用数组下标的变化,在相同数组中完成将空格字符删除。此时仍需注意在最后一个字符末加'\0'。修改程序如下:

```
#include <stdio.h>
void main()
{
  char st[79]="I wanted to change the world";
  int i=0,j=0;
  while(st[i]!='\0')
  {
    if(st[i]!=' ')
      st[j++]=st[i];
    i++;
  }
  st[j]='\0';
  printf("%s",st);
}
```

7. 多字符串的处理操作

C 语言中,可以将二维数组看成是由若干个一维数组组成的。一个字符串存入一个一维数组,因此一个 N×M 的二维字符数组可以存放 N 个字符串,每个字符串的最大长度为

M－1。

多个字符串的输入、输出时，采用循环结构来实现，循环控制变量控制字符串的个数。

若已有定义，char str[4][10]；

输入程序段：

```
for(i=0;i<4;i++)            或          for(i=0;i<4;i++)
  gets(str[i]);                           scanf("%s",str[i]);
```

输出程序段：

```
for(i=0;i<4;i++)            或          for(i=0;i<4;i++)
  puts(str[i]);                           printf("%s\n",str[i]);
```

【例 5】 有一篇文章，共有 3 行文字，每行最多有 80 个字符。要求分别统计出其中英文大写字母、小写字母、数字、空格以及其他字符的个数。

```
#include <stdio.h>
void main()
{
  int i,j,upp,low,dig,spa,oth;
  char text[3][80];                             /*定义二维字符数组来实现*/
  upp=low=dig=spa=oth=0;
  printf("please input 3 strings:\n");
  for(i=0;i<3;i++)                              /*输入每行不超过 80 个字符的 3 行文字*/
      gets(text[i]);
  for(i=0;i<3;i++)                              /*外层循环表示有三行字符串*/
    for(j=0;j<80&&text[i][j]!='\0';j++)         /*内层循环具体判断每一行字符串*/
    {
      if(text[i][j]>='A'&& text[i][j]<='Z')     /*统计大写字母个数*/
        upp++;
      else if(text[i][j]>='a'&& text[i][j]<='z')    /*统计小写字母个数*/
        low++;
      else if(text[i][j]>='0'&& text[i][j]<='9')    /*统计数字字符个数*/
        dig++;
      else if(text[i][j]==' ')                  /*统计空格字符个数*/
        spa++;
        else
        oth++;                                  /*统计其他字符个数*/
    }
  printf("upper case:%d\n",upp);
  printf("lower case:%d\n",low);
  printf("digit:%d\n",dig);
  printf("space:%d\n",spa);
  printf("other:%d\n",oth);
}
```

输入测试数据：E-Business!

ebXML Standard & Patter!

20160414 C program.

程序运行结果：upper case：8

lower case:28
digit:8
space:5
other:5

要点:

(1) 本程序首要问题是如何存储 3 行文字。可以将 3 行文字,看成 3 个字符串,而每个字符串的最大长度不超过 80,故应定义一个 3×80 二维字符数组来存储 3 行文字。

(2) 因此二维字符数组 text[3][80]可看成是由 text[0]、text[1]、text[2]为数组名的一维数组,则 text[i]表示第 i 行的起始地址,即是第 i 个字符串的首地址,而 text[i][j]则表示第 i 个字符串的第 j 个字符。

(3) 由于输入的字符串中含有空格,因此采用 gets 函数。

(4) 内循环条件表达式 j<80&&text[i][j]! ='\0',其含义是字符数组的长度为 80,所以超过字符串长度不再判断;若字符串的长度在 80 以内,则判断字符串是否结束可以通过判断 text[i]是否为'\0'来实现。

8.3 实验内容

1. 夯实基础

【8.1】 编程实现,输入字符串,要求将大写英文字母转换为小写英文字母,将小写英文字母转换为大写英文字母,其他字符不变。

输入测试数据:qw! @dfe eDER245Vftaeb

程序运行结果:QW! @DFE Eder245vFTAEB

【8.2】 编程实现,将字符串 ss 中所有下标为奇数位置上的字母转换为大写字母(若该位置上不是字母,则不转换)。

输入测试数据:abc4Efg

程序运行结果:aBc4EFg

【8.3】 编程实现,求一个字符串的长度,不采用 strlen 函数。

输入测试数据:ertyhg

程序运行结果:length=6

【8.4】 编程实现,先将字符串 s 中的字符按逆序存放到 t 串中,然后把 s 中的字符按正序连接到 t 串的后面(不能采用字符串处理函数)。

输入测试数据:ABCDE

程序运行结果:EDCBAABCDE

【8.5】 编程实现，输入任意字符串，判断该字符串是否为“回文串”。所谓“回文串”是指是一个正读和倒读都一样的字符串，如“noon”就是回文串，“hello”不是回文串。

第一次程序运行

输入测试数据：noon

程序运行结果：noon：is Palindrome string!

第二次程序运行

输入测试数据：hello

程序运行结果：hello：is not a Palindrome string!

【8.6】 输入任意一串字符，字符若连续出现多次，则只保留一个字符删除多余的字符。

输入测试数据：----------I am   a student!!!!!!

程序运行结果：-I am a student!

【8.7】 编程实现，将字符串中所有数字字符移动到所有非数字字符之后，并保持数字字符串和非数字字符串原有的先后次序不变。

输入测试数据：def35adh3kjsdf7

程序运行结果：defadhkjsdf3537

【8.8】 编程实现，有一电文，已按下列规律译成密码：

A→Z，a→z

B→Y，b→y

C→X，c→x

即第1个字母变成第26个字母，第 i 个字母变成第 $(26-i+1)$ 个字母。非字母字符不变。编写一个程序将密码译成原文，并输出密码和原文。

程序运行结果：cipher text is：Zodzbh && gsviv 2017
plain text is：Always && there 2017

2. 应用提高

【8.9】 编程实现，将5个单词按从小到大的顺序输出，要求以如下测试数据初始化。

测试数据：system computer network program design

程序运行结果：computer design network program system

8.4 实训练习

(一) 选择题

1. 下列描述中不正确的是______。
   A. 字符串存储可以采用字符数组
   B. 字符数组中的字符串可以整体输入、输出
   C. 可以用赋值运算符“=”对字符数组赋予字符串
   D. 不可以用关系运算符对字符数组中的字符串进行比较
2. 下列定义语句中不正确的是______。
   A. char a[2]={"1"}　　B. char a[2]={'1','2'}
   C. char a[2]={'1','2','3'}　　D. char a[2]={'1'}
3. 若有定义和语句：char s[10];s="hello";printf("%s\n",s);，下列选项正确的是______。
   A. 输出 hello　　B. 输出 h　　C. 输出 hello\n　　D. 编译不通过
4. 下列定义语句中，正确的是______。
   A. char s[4][2]={'abc','1'}　　B. char s[2][4]={'2','345'}
   C. chars[4][ ]={"abc","1"}　　D. char s[ ][4]={"2","345"}
5. 设有数组定义 char a[ ]="Shanghai";，则该数组所占的空间为______。
   A. 6 个字节　　B. 7 个字节　　C. 8 个字节　　D. 9 个字节
6. 下列程序的输出结果是______。

```
#include <stdio.h>
#include <string.h>
int main( )
{
  char str[12]={'s','t','r','i','n','g'};
  printf("%d\n",strlen(str));
}
```

   A. 6　　B. 7　　C. 11　　D. 12
7. 若有以下程序段：

```
char str[ ]="xy\034\n\\\x12\"";
printf("%d",strlen(str));
```

执行上述程序段后的输出结果是 ______。
   A. 2　　B. 4　　C. 7　　D. 11
8. 下列程序的输出结果是______。

```
#include <stdio.h>
int main( )
```

```
{
  char  ch[3][5]={"XXXX","YYY","ZZ"};
  printf("%s\n",ch[1]);}
```

A. XXXX　　B. YYY　　C. YYYZZ　　D. ZZ

9. 下列字符串赋值语句中，不能正确把字符串 Hello c 赋给字符数组 a 的语句是______。

A. char　a[8]={'H','e','l','l','o',' ','c'};

B. char　a[10]; strcpy(a,"Hello c")

C. char　a[10]; a="Hello c"

D. char　a[10]={"Hello c"}

10. 设有两字符串"Boy"、"Girl"分别存放在字符数组 str1[10],str2[10]中，下面语句中能把"Girl" 连接到"Boy"之后的为______。

A. strcat(str1,str2)　　B. strcpy(str1,"Girl")

C. strcmp(str1,"Girl")　　D. strcat("Boy",str2)

11. 若已有定义 char str[10],下列语句正确的是______。

A. scanf("%s",&str)　　B. printf("%c",str)

C. printf("%s",str[0])　　D. printf("%s",str)

12. 若已有定义 char str1[10],str2;,将字符串 str2 复制到字符串 str1 中应使用______。

A. strcpy(str1,str2)　　B. strcat(str1,str2)

C. strcmp(str1,str2)　　D. strcpy(str2,str1)

13. 若有如下的程序段：

```
char str[]="Hello World";
printf("%s,%c",&str[6],str[6]);
```

执行上述的程序段后的输出结果为______。

A. Hello World,World　　B. World,W

C. W,W　　D. World,World

14. 若有如下的程序段：

```
char str[]="Cprogram";
puts(str+3);
```

执行上述的程序段后的输出结果为______。

A. ogram　　B. Cprogram　　C. o　　D. 'o'的地址

15. 若有定义：char a[5],c; int b;,下列选项中正确的输入语句是______。

A. scanf("%c%c%d",&a,&c,b);　　B. scanf("%s%d%c",&a,&b,&c);

C. scanf("%c%d%c",a,b,&c);　　D. scanf("%s%d%c",a,&b,&c);

16. 有以下程序：

```
#include <stdio.h>
int main()
{char str[20];
```

```
    scanf("%s",str);
    printf("%s\n",str);
    return 0;
}
```
若输入数据 xyxw4567 abcd mm<回车>,则程序的输出结果是______。

A. xyxw4567 abcd　　B. xyxw4567 abcd　mm

C. xyxw4567　　D. abcd mm

17. 有以下程序

```
#include <stdio.h>
#include <string.h>
int main()
{char str[20];
    gets(str);
    printf("%d,%s",strlen(str),str);
    return 0;
}
```
若输入数据 xyxw4567 abcd mm<回车>,则程序的输出结果是______。

A. 13,xyxw4567 abcd　　B. 8,xyxw4567

C. 16,xyxw4567　　D. 16,xyxw4567 abcd mm

18. 有以下程序

```
#include <stdio.h>
int main()
{
    char a[7]="abcdef",b[4]="ABC";
    strcpy(a,b);
    printf("%s,%c",a,a[5]);
    return 0;
}
```
程序运行后的输出结果是______。

A. ABCdef,f　　B. ABC,f　　C. ABC,e　　D. ABC,\0

19. 若有如下的程序段:

char b[]="Hello,China"; b[5]=0; printf("%s\n",b);

执行上述的程序段后的输出结果为______。

A. Hello　　B. \0　　C. Hello,China　　D. China

20. 有以下程序

```
#include <stdio.h>
int main()
{
    char a[100],b;
    int m;
    scanf("%c",&b);
    scanf("%d",&m);
    scanf("%s",a);
    printf("%c,%d,%s\n",b,m,a);
}
```
若输入 123<空格>456<空格>789<回车>,则程序的输出结果是______。

A. 123,456,789　　B. 1,456,789

C. 1,23,456,789　　　　　　D. 1,23,456

21. 有以下程序

```
#include <stdio.h>
int main()
{
  char a[8]={"7m9nq21"};
  int  i,s=0;
  for(i=0;a[i]>='0'&&a[i]<='9';i+=2)
    s=10*s+a[i]-'0';
  printf("%d\n",s);
  return 0;
}
```
程序运行后的输出结果是______。

A. 7m9nq21　　B. 7921　　C. 79　　D. 7

22. 有以下程序

```
#include <stdio.h>
int main()
{
  char str[]="\ta\018bc";
  int i;
  for(i=0;str[i]!='\0';i++)
    printf("*");
  return 0;
}
```
程序运行后的输出结果是______。

A. *******　　B. ******　　C. ***　　D. **

23. 有以下程序

```
#include <stdio.h>
#include <string.h>
int main()
{
  char p1[20]="hello",p2[]="HELLO",str[50]= "Lu";
  strcpy(str+1,strcat(p1,p2));
  printf("%s",str);
}
```
程序运行后的输出结果是______。

A. LhelloHELLO　　　　B. LuhelloHELLO

C. helloHELLO　　　　D. LHELLOhello

24. 有以下程序

```
#include <stdio.h>
int main()
{char str[]="abefEsfrAuois";
  int i,num=0,num1=0;
  for(i=0;i<str[i]!='\0';i++)
    switch(str[i])
    {
      case 'a':case 'A':
```

```
        case 'e':case 'E':
        case 'i':case 'I':
        case 'o':case 'O':
        case 'u':case 'U':num1++; break;
        default:num++;}
    printf("%d,%d",num,num1);
}
```
程序运行后的输出结果是______。

A. 13,7　　B. 6,13　　C. 1,7　　D. 6,7

25. 有以下程序

```
#include <stdio.h>
#include <string.h>
int main()
{
  char s[][10]={"abc","abbcc","ab","aacc","aabbcc"},t[10];
  int i,j;
  for(i=0;i<5;i++)
    for(j=i+1;j<5;j++)
      if(strlen(s[i])>strlen(s[j]))
        {
        strcpy(t,s[i]);
        strcpy(s[i],s[j]);
          strcpy(s[j],s[i]);
        }
  printf("%s,%s\n",s[0],s[4]);
}
```
程序运行后的输出结果是______。

A. abc,aabbcc　　B. ab,aabbcc　　C. aacc,abbcc　　D. aabbcc,ab

(二) 程序填空

1. 下面程序完成的功能是,输出两个字符串中对应字符相等的字符。

```
#include <stdio.h>
int main()
{
  char x[]="flower";
  char y[]="father";
  int i=0;
  while(____①____ &&y[i]!='\0')
  {if (____②____)printf("%c",x[i++]);
  elsei++;
  }
}
```

2. 下面程序完成的功能是,不采用字符串处理函数实现字符串连接,若先后输入:

Hello ↙
China ↙
则其运行结果是 HelloChina.

```
#include <stdio.h>
int main( )
{
   char   c1[30],c2[30];
   int i=0,j=0;
   scanf("%s",c1);
   scanf("%s",c2);
   while(c1[i]!='\0')_____③_____;
   while(c2[j]!='\0')_____④_____;
   _____⑤_____;
   printf("\n%s",c1);
}
```

3. 下面程序完成的功能是，输入任意 5 个字符串，输出最小的字符串。

```
#include <stdio.h>
#include <string.h>
int main( )
{
   char   str[5][10],temp[10]; int   i;
   _____⑥_____;
   strcpy(temp,str[0]);
   for(i=1;i<5;i++)
     {gets(str[i]);
      if (strcmp(temp,str[i])>0) _____⑦_____;
     }
   printf("\nThe smallest string is:%s\n",temp);
}
```

4. 下面程序完成的功能是，从键盘输入一行字符，统计其中有多少个单词，单词之间用空格分隔。

```
#include <stdio.h>
int main( )
{
   char   s[80];
   int i,c,num=0,word=0;
   gets(s);
   for(i=0;_____⑧_____;i++)
     if(_____⑨_____)word=0;
     else if(_____⑩_____)
        {   word=1;   num++;}
   printf("there   are   %d   words.\n",num);
}
```

5. 下面程序完成的功能是，不采用字符串处理函数来判断两个单词是否相同。

```
#include <stdio.h>
```

```
int main( )
{
  char str[20];
  char str1[20];
  int i,f;
  ______⑪______;
  scanf("%s",str1);
  f=0;
  for(i=0;str[i]!='\0';i++)
    if(______⑫______)
      {  ______⑬______;
         break;}
  if(f)   printf("the two words   are different");
  elseprintf("the   two words   are same");
}
```

6. 下面程序完成的功能是，判断给定的字符串是否是“回文串”，并输出所有的“回文串”。所谓“回文串”是指字符串正读与反读的字符序列完成相同，如字符串“level”就是回文串。

```
#include <stdio.h>
#include <string.h>
#define N 5
int main( )
{ char str[N][8]={"moon","noon","level","each","12321"};
  int i,m,n,flag;
  for(i=0;i<N;i++)
  { m=______⑭______;
    n=0;
    flag=1;
    while(n<=m && flag)
    {
      if(str[i][n] !=str[i][m])
        ______⑮______;
      n++;
      ______⑯______;
    }
    if(flag!=0)
      printf("%s ",______⑰______);
    }
}
```

7. 下面程序完成的功能是，删除字符串中的数字字符，组成一个新串，并统计数字字符的个数。

```
#include <stdio.h>
int main( )
{  char   ch[79]="he12l4l80o5C";
```

```
    int i,j,count;
    i=j=count=0;
    while(ch[i])
    {
    if(     ⑱     )
      { count++;
        i++;
        ___⑲___;
      }
        ch[j++]=ch[i++];
    }
    ___⑳___;
    printf("%s,%d",ch,count);
    return 0;
}
```

8. 以下程序的功能是，将字符数组 a 中下标值为偶数的元素从小到大排列，其他元素不变。

```
#include <stdio.h>
#include <string.h>
void main( )
{
    char a[]="clanguage",t;
    int i,j,k;
    k=___㉑___;
    for(i=0; i<=k-2; i+=2)                    /*将偶数下标元素排列,增量为2*/
    for(j=i+2; j<=k;___㉒___)
      if(___㉓___)
      {
        t=a[i]; a[i]=a[j]; a[j]=t;
      }
    puts(a);
}
```

9. 程序的功能是，计算一个字符串中子串出现的次数。

```
#include<stdio.h>
void main( )
{
  int i,j,k,count;
   char s[20],t[20];
  printf("zhu chuan:");
  ___㉔___;
  printf("zi chuan:");
  gets(t);
  ___㉕___;
  for(i=0;s[i];i++)                    /*外层循环遍历s串*/
```

```
    for(j=i,k=0; ____㉖____&&s[j]==t[k];j++,k++)        /* 内层循环判断s中是否有
                                                             与t相同的子串 */
        if (____㉗____)
            count++;
    printf("chuxian cishu=%d\n",count);
}
```

10. 下列程序完成的功能是，从键盘输入由 5 个字符组成的单词，判断此单词是不是hello，并显示结果。

```
#include<stdio.h>
void main()
{
    char str[]={'h','e','l','l','o'};
    char str1[5];
    ____㉘____;
    for(i=0;i<5;i++)
        ____㉙____;
    flag=0;
    for(i=0;i<5;i++)
        if(____㉚____)
            {flag=1;break;}
        if (____㉛____)                   /* 通过 flag 来判断单词是否相同 */
            printf("this word is not hello");
    else  printf("this word is hello");
}
```

(三) 程序改错

1. 下列程序的功能是，统计给定字符串中单词的个数。根据题目要求及程序中语句之间的逻辑关系对程序中的错误进行修改。

改错时，可以修改语句中的一部分内容，增加少量的变量说明或编译预处理命令，但不能增加其他语句，也不能删去整条语句。

输入测试数据：This is a C language program.

程序运行结果：There are 6 words in this text.

【含有错误的源程序】：

```
#include<stdio.h>
int main()
{
    char str[81];
    /********found********/
    int n,i,flag=0;
    /********found********/
    print("\nEnter a line text:\n");
    gets(str);
    i=0;
```

```
    while(str[i]!='\0')
    {
/* * * * * * * * found * * * * * * * */
        if(str[i]=' '&&flag==0)
        {
        n++;
        flag=1;
        }
        if(str[i]!=' ') flag=0;
        i++;
    }
    printf("\nThere are %d words in this text.\n",n);
}
```

2. 下列程序的功能是，将字符串 s 中 ASCII 值为偶数的字符删除，原串中剩余字符形成一个新串放在字符串 t 中。

根据题目要求及程序中语句之间的逻辑关系对程序中的错误进行修改。

题中用"/ ****** found ****** /"来提示在下一行有错。

改错时，可以修改语句中的一部分内容，增加少量的变量说明或编译预处理命令，但不能增加其他语句，也不能删去整条语句。

输入测试数据：dfgthikj

程序运行结果：gik

【含有错误的源程序】：

```
#include <stdio.h>
#include <string.h>
void main()
{
/ ******* found ******* /
  int i,j;
  char s[79],t[79];
  gets(s);
  for(i=0;s[i]!='\0';i++)
  / ****** found ****** /
    if(s[i]%2==0)
      {
    / ******* found ******* /
          s[i] =t[j];
          j++;
      }
    t[j]='\0';
    puts(t);
}
```

【微信扫码】

习题解答&相关源程序

实验9　函数

9.1　实验要求

1. 掌握定义函数的方法。
2. 掌握函数实参与形参的对应关系，以及“值传递”和“地址传递”的方式。
3. 掌握函数的嵌套调用和递归调用的方法。
4. 掌握全局变量、局部变量、静态变量的使用方法。
5. 编写程序的文件名均采用以 ex9_题号.c 的形式命名，如【9.1】程序文件名为 ex9_1.c。

9.2　实验指导

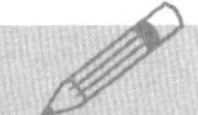

1. 模块化程序设计方法

在求解一个复杂问题时，通常采用逐步分解、分而治之的方法，也就是把一个大问题分解成若干个比较容易求解的小问题，然后对这些小问题分别求解。程序员在设计一个复杂的应用程序时，也是将整体程序划分为若干功能较为单一的程序模块，即将一个程序按功能分成若干个程序模块，每一个模块实现一个特定的功能(或实现某一操作，或实现计算出一个值等)，最后再把所有的程序模块像搭积木一样装配起来，这种在程序设计中分而治之的策略，被称为模块化程序设计方法。

采用模块化的程序设计的优点是：

(1) 各模块相对独立、功能单一、结构清晰、接口简单；

(2) 简化程序设计的复杂性，避免程序开发的重复性；

(3) 缩短开发周期；

(4) 提高元件的可靠性，易于维护和功能扩充。

在C语言中，函数是程序的基本单位，一个C程序由一个或多个程序模块组成，每一个程序模块都作为一个源程序文件。

一个源程序文件由一个或若干个函数组成，必须有且仅有一个名为 main 的主函数，各个函数在程序中既是独立的又是相互联系的。主函数可调用其他函数，其他函数之间也可以相互调用，同一函数可以被一个或多个函数调用任意多次。

C语言程序的执行是从 main 函数开始，以 main 函数结束整个程序的运行。

2. 函数的分类

从函数定义的角度看，函数可分为库函数和用户定义函数两种。

(1) 库函数由C系统提供，用户无需定义，也不必在程序中作类型说明。若在程序中需调用库函数时，只需在程序中用文件包含命令将其包含进来，称为“文件包含”。

常用库函数所需包含的头文件有：

数学函数：如 sqrt、fabs、pow、cos 等，头文件为 math. h；

字符函数：如 islower、isspace、isupper 等，头文件为 ctype. h；

字符串函数：如 strcat、strcpy、strcmp 等，头文件为 string. h；

输入输出函数：如 getchar、putchar、printf、scanf 等，头文件为 stdio. h；

文件操作函数：如 fprintf、fscanf、fopen、fseek 等，头文件为 stdio. h。

(2) 用户定义函数根据模块化程序设计的需求，需要用户自己定义函数模块。

函数定义的一般格式为：

```
类型标识符  函数名(形参类型说明表列)      /* 函数首部 */
{
      函数功能                           /* 函数体 */
}
```

函数在定义时是相互独立的，函数之间是平行关系，所以不能在一个函数内部定义另一个函数，即不能嵌套定义，函数可以嵌套调用，而其他函数不能调用 main 函数。

从函数的形式看，函数可分为无参函数和有参函数两种。函数定义时不带参数，称为无参函数；在函数定义时带参数，称为有参函数。

3. 函数的调用

函数定义后，就可以在程序中调用该函数，当函数被其他的函数调用时才有意义。

函数调用的一般格式：

函数名(实际参数表)；

当一个函数调用另一个函数时，调用的称为主调函数，被调的称为被调函数。

【例 1】 求任意两个整数的最大数。

```
#include <stdio.h>
int max(int x,int y)                  /* 函数定义 */
{
  int z;
  z=x>y?x:y;
  return(z);
}
void main()
{
  int a,b,mmax;
  scanf("%d%d",&a,&b);
  mmax=max(a,b);                      /* 函数调用 */
```

```
    printf("max=%d\n",mmax);
}
```

输入测试数据:34 67

程序运行结果:max=67

要点:

(1) main 函数为主调函数,max 函数为被调函数。

(2) mmax=max(a,b);该表达式中 max(a,b)为函数调用,调用 max 函数,并将 max 函数的函数值返回,赋予变量 mmax。

(3) 函数调用可作为函数的参数。若求三个整数 a,b,c 的最大数,即函数调用修改为 max(a,max(b,c)),修改程序的主函数模块为:

```
void main( )
{
    int a,b,c,mmax;
    scanf("%d%d",&a,&b);
    mmax= max(a,max(b,c));
    printf("max=%d\n",mmax);
}
```

(4) 程序运行中,一旦调用某个函数,则完成该函数所实现的功能,然后返回到调用它的位置。

4. 函数的返回值

C 语言中的函数可分为有返回值函数和无返回值函数。

函数的返回值就是调用函数从被调函数得到一个具体的值,该值也称为函数值。函数返回值只有一个,并且有数据类型。函数返回值的类型由函数定义类型决定,若函数返回值的类型与函数定义类型不同,对于数值数据,系统将自动转换为函数定义的类型。

从被调函数返回到主调函数,同时把值返回给主调函数,采用 return 语句实现。

return 语句的一般格式:

return 表达式; 或 return (表达式);

使用 return 语句需注意以下几点:

(1) 函数值只能通过 return 语句返回给主调函数。

(2) 在函数中允许有多个 return 语句,当遇到第一个 return 语句,就返回主调函数,调用函数时只能返回一个函数值。

(3) 被调函数中也可以没有 return 语句,若没有 return 语句,执行完函数体后自动返回主调函数,但此时无值返回。

(4) 函数返回值的类型由函数定义类型决定,若返回值的类型与函数说明的类型不一致,返回值的类型将自动转换为函数的类型。

(5) 通常情况下,对不返回函数值的函数,可以明确定义为"空类型",类型说明符为"void"。

5. 函数模块编程的基本思路

C源程序由一个且仅有一个主函数和若干个子函数组成。利用函数编程时,主函数的功能就简明扼要,子函数实现程序功能。

main函数的框架结构为:

```
void main()
{   数据类型说明
    数据输入
    调用子函数
    数据输出
}
```

子函数的框架结构为:

```
类型名 子函数名(参数)
{   数据类型说明
    功能算法
    返回结果
}
```

了解编程框架,根据题意对号入座即可。

程序设计时,由于函数调用需遵循"函数先定义后调用"原则,习惯上,被调函数在前,调用函数在后,因此main常写在后面。

【例2】 编写函数,该函数的功能是计算$\sum_{n=1}^{100} n$的值。

```
#include<stdio.h>
int fun(int m)                    /*函数定义,m为形参*/
{
    int i,sum=0;                  /*数据类型说明*/
    for(i=0;i<=m;i++)             /*功能算法*/
    sum+=i;
    return sum;                   /*返回结果*/
}
void main()
{
    int n,s;                      /*数据类型说明*/
    scanf("%d",&n);               /*数据输入*/
    s= fun(n);                    /*函数调用,n为实参*/
    printf("s=%d\n",s);           /*数据输出*/
}
```

输入测试数据:100

程序运行结果:s=5050

要点:

(1) 函数定义时,函数的首部不能加分号。

(2) 注意 main 函数中的变量与 fun 函数中的变量在各自的函数体均需要数据类型说明。

(3) fun 函数完成的功能是求 1～100 的和，并将其和存储在变量 sum 中，return 的作用是将所求的和作为函数值返回主调函数 main，并赋值给变量 s。

6. 函数参数传递——值传递

调用函数时，关键问题是数据传递，主要通过实际参数传递给形式参数。

实际参数(实参)，是指主调函数的函数调用语句中函数名后括号里的参数。

形式参数(形参)，是指被调函数的函数定义时函数名后括号里的参数。

在 C 语言中，函数的参数传递有两种：一种是数值传递；另一种是地址传递。数值传递时函数的形参和实参几点说明：

(1) 实参可以是常量、变量或表达式，形参是变量。

(2) 实参必须具有确定的值，在调用时，以便把值传递给形参。

(3) 形参只有在被调用时才分配内存单元，在调用结束后，立刻释放所分配的内存单元。因此，形参只在函数内部有效。

(4) 函数定义时形参的类型必须指定，在调用函数中，函数调用语句的实参不加类型说明符。

(5) 实参和形参传递过程中，传递规则是一一对应，个数相同、顺序一致、类型一致。若形参与实参类型不一致，系统自动将实参的数据类型转换为形参的数据类型。

(6) 允许实参与形参同名，因实参和形参占用不同的内存单元，即使同名也互不影响。

函数编程时，关键问题之一是如何确定函数的参数？需要几个参数？每个参数的数据类型是什么。

如编写函数实现将十进制正整数转换成 k(k<9)进制数，在此问题中需要知道的量有两个，一个是十进制的正整数，另一个是将十进制数转换为 k 进制数的 k 值，所以函数的参数需要两个，且都为整型。

【例 3】 函数的功能是将十进制正整数转换成 k(k<9)进制数，并按位输出。

```
#include <stdio.h>
void fun(int m,int k)                  /* 函数定义,m,k 为形参 */
{
  int a[20],i=0;                       /* 数组 a 存放转换为 k 进制数中数 */
  while(m!=0)                          /* 依次求出 k 进制数的每一位 */
  {
    a[i]=m%k;
    m/=k;
    i++;                               /* 变量 i,记转换为 k 进制的位数 */
  }
  while(i>0)
  {  printf("%d",a[i-1]);              /* 输出 k 进制数 */
    i--;
  }
}
void main()
```

```
{
    int n,b;
    printf("\nplease enter a number and a base(<9):\n");
    scanf("%d%d",&n,&b);
    fun(n,b);                          /* 函数调用,n,b为实参 */
    printf("\n");
}
```

输入测试数据:34　2

程序运行结果:100010

要点:

(1) 十进制正整数转换成k进制数转换原则:除以k取余,逆序取起。十进制数34转换为二进制数,首先34除以2取余数0,再用商17除以2取余数1,依次类推,直到商为0,最后将所取的余数从最后一位输出,便得到转换为二进制的数。

(2) 算法思想,将每次求的余数依次放入a数组中,先求得的余数为k进制数的最低位,最后求得的余数为k进制数的最高位,从高位到低位输出a数组中的内容。

(3) 函数编程时,也可在函数体直接输出结果,而不返回值给主调函数。当函数不返回值时,可定义该函数的类型为void类型。

7. 函数参数传递——地址传递(用数组作函数参数)

实际上,地址本身也是一个特殊的"值",地址传递是一种特殊的值传递。传递时不是将变量的值进行参数传递,而是将变量的地址或某一存储单元的首地址进行参数传递。

若参数传递的是简单数据类型的数值,则将其归类为值传递方式,值传递是单向传递,将实参的值传递给对应的形参,而形参的值不能回传给实参;若参数传递的是变量的地址或某一存储单元的首地址,则视其为地址传递,地址传递使得实参与形参共享同一个存储单元,因此在传递时,实参存储单元内可以无值,调用函数时,形参对该存储单元的值发生改变,直接影响实参的值,地址传递是双向传递。

若在函数中用数组名作为函数实际参数时,则实现地址传递。

例如,编写一个函数,其功能是统计一位学生的5门课程的平均成绩。通常情况下,学生的成绩是存储在数组,并在主函数完成数组数据的输入。这时只需将存放数据的数组的首地址传递给形参即可。

【例4】 编写函数,函数的功能是统计一位学生的5门课程的平均成绩。主函数实现将5门课程存放于数组a中,并输出平均成绩。

```
#include <stdio.h>
float aver(float a[5])              /* 形参为与实参对应的数组,并对该数组进行类型说明 */
{
    int i;
    float av,sum=0;
    for(i=0;i<5;i++)
        sum=sum+a[i];
    av=sum/5;
    return av;                      /* 将平均值返回主调函数 */
```

```
}
void main( )
{
   float score[5],average;
   int i;
   printf("please input 5 scores:\n");
   for(i=0;i<5;i++)
      scanf("%f",&score[i]);
   average=aver(score);          /* 实参为数组名 score */
   printf("the average score is %0.2f",average);
}
```

输入测试数据:75 86 89 60 98

程序运行结果:the average score is 81.60

要点:

(1) 当用数组名作函数形参时,数组名是首地址,要求形参与实参的类型相一致,通常情况下,形参可采用数组形式。

(2) 形参数组的长度也可以不给出,定义为 float a[ ],此时默认与实参数组的长度一致。

(3) 函数调用时,实参为数组名的形式,其后面不能带方括号或下标;同样,形参的定义须为数组的形式,且类型要与实参数组的类型相同。

【例 5】 编写函数,该函数的功能是求一个 3×3 方阵中最小元素的值,并将此值返回调用函数。数据由主函数输入。

```
#include <stdio.h>
#define N 3
int fun (int a[][N])                    /* 形参为数组 */
{
   int i,j,min;
   min=a[0][0];
   for(i=0;i<N;i++)
      for(j=0;j<N;j++)
         if(min>a[i][j])
            min=a[i][j];                /* 求二维数组的最小值 */
   return min;
}
void main( )
{
   int a[N][N]={2,4,7,23,8,5,7,11,45},i,j,min_a;
   min_a=fun(a);                        /* 实参为数组名 score */
   printf("min:%d\n",min_a);
}
```

程序运行结果:min: 2

要点:

(1) 多维数组作为函数的参数,实现地址传递。

(2) 实参是二维数组的数组名,则形参为数组。二维数组作形参时,也可以省略第一维长度，但一定不能省略第二维的长度。

(3) 数组作为函数的参数时，实参数组与形参数组的维数可以一致，也可以不一致。数组的大小可一致也可不一致。

8. 函数的嵌套调用

C语言中不允许函数嵌套定义，但可以嵌套调用，允许在一个函数的定义中出现对另一个函数的调用，称为函数嵌套调用。

如图9.1所示两层函数嵌套调用。源程序包括了一个main函数和两个子函数a和b，在程序执行中，main函数调用a函数，即执行a函数，在a函数中又调用b函数，此时又转去执行b函数，b函数执行完后返回a函数的调用点继续执行，a函数执行完后，返回main函数的调用点继续执行，直到程序结束。由此，C语言程序的执行是从main函数开始，以main函数结束整个程序的运行。

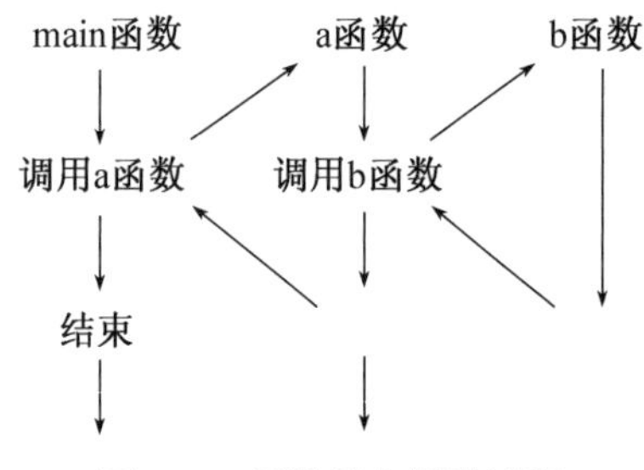

图9.1 函数嵌套调进过程

【例6】 用弦截法求方程 $x^3-3x-1=0$ 的根。

```
#include <stdio.h>
#include <math.h>
double f(double x)                          /* 定义 f 函数 */
{
  double y;
  y=x*x*x-3*x-1;
  return y;
}
double xpoint(double x1,double x2)          /* 定义求弦与 x 轴的交点函数 */
{
  double y;
  y=(x1*f(x2)-x2*f(x1))/(f(x2)-f(x1));
  return y;
}
double root(double x1,double x2)            /* 定义求根函数 */
{
  double x,y,y1;
  y1=f(x1);
  do{
    x=xpoint(x1,x2);                        /* 调用子函数 xpoint */
    y=f(x);
    if(y*y1>0)
```

```
        {
            y1=y;
            x1=x;
        }
        else
            x2=x;
    }while(fabs(y)>1e-5);
    return x;
}
void main()
{
    double x1,x2,f1,f2,x;
    do{
        printf("input x1,x2:\n");
        scanf("%lf%lf",&x1,&x2);
    }while(f(x1)*f(x2)>=0);
    x=root(x1,x2);
    printf("root:%lf\n",x);
}
```

输入测试数据：1.7 2

程序运行结果：root：1.879384

要点：

(1) 弦截法的算法。

弦截法是在牛顿法的基础上得出的求解非线性方程 $f(x)=0$ 的一种十分重要的插值方法，基本思想是任取两个数 x_1、x_2，求得对应的函数值 $f(x_1)$、$f(x_2)$。如果两函数值同号，则重新取数，直到这两个函数值异号为止，连接 $(x_1,f(x_1))$ 与 $(x_2,f(x_2))$ 这两点形成的直线与 x 轴相交于一点 x，即 $x=\dfrac{x_1\cdot f(x_1)-x_2\cdot f(x_2)}{f(x_2)-f(x_1)}$，求得对应的 $f(x)$，判断其与 $f(x_1)$、$f(x_2)$ 中的哪个值同号，如 $f(x)$ 与 $f(x_1)$ 同号，则 $f(x)$ 为新的 $f(x_1)$，将新的 $f(x_1)$ 与 $f(x_2)$ 连接，依次类推，直到满足给定的精度要求。图 9.2 为弦截法求方程的根的示意图。

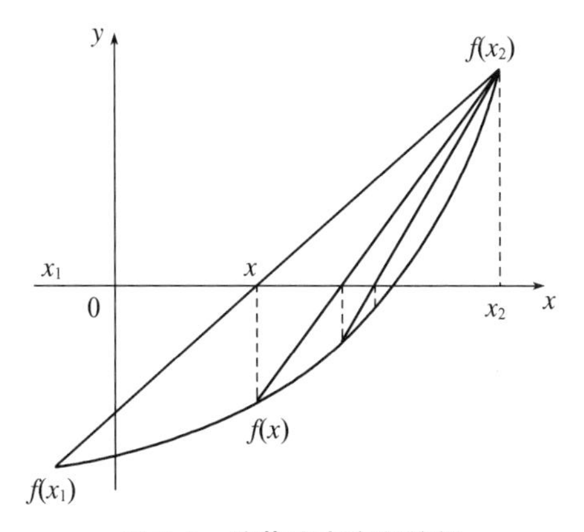

图 9.2　弦截法求方程的根

弦截法求非线性方程的根的算法步骤：

S1：取两个不同的 x_1，x_2，计算其对应的函数值 $f(x_1)$，$f(x_2)$；

S2：判断 $f(x_1)$，$f(x_2)$是否异号，否返回 S1，重新取 x_1，x_2 的值。是执行 S3；

S3：求连接两点$(x_1,f(x_1))$，$(x_2,f(x_2))$的直线（弦）与 x 轴的交点 x 及对应的函数值 $f(x)$。如图 9.2 所示；

S4：判断 $f(x)$与 $f(x_1)$的符号，是同号还是异号。若是同号，则根必在(x,x_2)区间内，修改 x_1 的值，否则根在(x_1,x)区间内，修改 x_2 的值；

S5：重复 S3 和 S4，直到$|f(x)|$小于给定的一个精度值；

S6：输出 x 为方程的近似根。

(2) 定义了四个函数，主函数主要功能是提供数据，输出根。f 函数的功能是求 x 的函数值，$f(x)=x^3-3x-10$；xpoint 函数的功能求弦与 x 轴的交点 x 的值。root 函数求方程在(x_1,x_2)区间内的实根。

(3) 函数定义时被调函数都在主调函数的前面，所以在主调函数中可省去对被调函数的说明。

9. 函数的递归调用

在调用一个函数的过程中又出现直接或间接调用自身的一种方法，称为函数的递归调用。它通常把一个大型的复杂问题，转化为一个与原问题相似的规模较小的问题来解决。

递归分为两个阶段：

(1) 递归前进段（递推），把复杂问题的求解推到比原问题简单一些的问题的求解；

(2) 递归返回段（回归），当获得最简单的解后，逐步返回，依次得到复杂的解。

使用递归时，必须有一个明确的递归结束条件，称为递归出口。当条件不满足时，递归前进；当条件满足时，递归返回。

因此，在考虑使用递归算法编写程序时，应满足两点：

① 该问题能够被递归形式描述，即将一个问题转化为一个新问题，而新问题的解决方法与原问题的解决方法相一致，存在有规律的问题。

② 是否存在递归结束的条件。

例如，计算 $n!$，用递推的算法思想考虑问题，即求 $n!$ 时若能求得$(n-1)!$ 再乘 n 就可以，而求$(n-1)!$ 时若能求得$(n-2)!$ 再乘$(n-1)$就可以，依次递推，当推到 1 时返回，层层回归就可得到 $n!$ 的值。

因此，用递归的方法求 $n!$ 的递归表达式可表述为：

$$f(n)=\begin{cases}1, & n=1,0\\ n\cdot f(n-1), & n>1\end{cases}$$

【例 7】 编写函数，利用递归的方法求 $n!$ 的值。

```
#include <stdio.h>
long fun(int n)
{
  long f;
  if(n==0||n==1)  f=1;
  else f=fun(n-1) * n;                    /* 递归调用 */
```

```
    return(f);
}
void main()
{
    int n;
    long y;
    scanf("%d",&n);
    y=fun(n);
    printf("%d!=%ld",n,y);
}
```

输入测试数据:5

程序运行结果:5! =120

要点:

(1) 设计递归函数时必须要有递归终止条件。if(n==0||n==1)　f=1;为递归终止条件。

(2) 递归函数还可以更简洁。具体程序如下:

```
long fun(int n)
{
    if(n==0||n==1)  return 1;
    else  return fun(n-1)*n;
}
```

10. 局部变量与全局变量

在C语言中,变量的作用域是由变量的存储类型和定义位置决定的,不同位置的变量,其作用域是不同的。根据变量作用域的不同,变量被分为局部变量和全局变量。

局部变量也称为内部变量。该变量仅在特定的函数或程序块内可被访问,而不能被其他函数或程序访问。函数的形参、在函数内定义或在复合语句内定义的变量都是局部变量,其作用域仅限于函数内或本复合语句内。

全局变量也称为外部变量,它是在函数外部定义的变量。其作用域是从其定义的位置开始到本源文件结束,即位于定义全局变量后面的所有函数都可以使用此变量。

在程序设计时,也可使用全局变量作为函数传递的参数。全局变量在程序执行时一直占用存储单元,也就是说,在函数引用全局变量时,若改变全局变量的值,则其他函数引用时,使用是全局变量最后改变的值。

因此,在程序设计中不建议过多使用全局变量。若全局变量使用过多,会降低程序的清晰性,在编程时容易出错,降低函数通用性的同时降低存储空间的利用率。

【例 8】 编写函数,该函数的功能是:统计长整数 n 的各个位上出现数字 2、4、6 的次数,并通过外部(全局)变量 a,b,c 返回主函数。如当 $n=1234257624$ 时,结果应该为:$a=3,b=2,c=1$。

```
#include <stdio.h>
int a,b,c;                    /*定义a,b,c为全局变量,未赋值,默认为0值*/
void fun(long n)
```

```
{
    while(n!=0){
     if(n%10==2)   a++;                        /*在子函数内改变a的值*/
     if(n%10==4)   b++;                        /*在子函数内改变b的值*/
     if(n%10==6)   c++;                        /*在子函数内改变c的值*/
     n=n/10;
   }
}
void main()
{
   long   n=1234257624;
   fun(n);
   printf("n=%ld,a=%d,b=%d,c=%d\n",n,a,b,c);      /*输出a,b,c为全局变量的值*/
}
```

程序运行结果:n=1234257624,a=3,b=2,c=1

要点:

(1) 通过函数调用只能获得一个返回值,而本题需要获得3个返回值,因此可以将3个计数变量定义为全局变量。

(2) 全局变量须在函数外部定义,作用域从定义开始到本源文件结束。当全局变量没有赋初值时,系统自动赋0值,因此a,b,c的初值均为0。

(3) 利用全局变量增加了数据联系的渠道,任何一个函数都可以访问和更改全局变量值,但全局变量在程序全部执行过程中占用存储单元,降低了函数的通用性、可靠性,可移植性且降低程序清晰性,总之,不建议过多使用全局变量。

(4) C语言中,变量的存储类别有自动(auto)、寄存器(register)、静态(static)及外部(extern)4种。静态存储类别与外部存储类别变量存放在静态存储区,自动存储类别变量存放在动态存储区,寄存器存储类别直接送寄存器。

9.3 实验内容

1. 夯实基础

【9.1】 编写函数,该函数的功能是计算下列级数和,和值返回调用函数,数据由主函数输入。

$$s=1+x+\frac{x^2}{2!}+\frac{x^3}{3!}+\cdots+\frac{x^n}{n!}$$

输入测试数据:10 0.3 (其中n=10,x=0.3)

程序运行结果:s=1.349859

【9.2】 编写函数,该函数的功能是:根据下列式子计算并返回所求的值,n值由主函数输入。

$$s=1+(1+\sqrt{2})+(1+\sqrt{2}+\sqrt{3})+\cdots+(1+\sqrt{2}+\sqrt{3}+\cdots\sqrt{n})$$

输入测试数据:20

程序运行结果:s=534.188884

【9.3】 编写函数,该函数的功能是:求 Fibonacci 数列中大于 t 的最小数,结果由函数返回。采用递归法实现。Fibonacci 数列的定义为:

$$F(n)=\begin{cases}0, & n=0\\ 1, & n=1\\ F(n-1)+F(n-2), & n\geqslant 2\end{cases}$$

输入测试数据:1000 (t=1000)

程序运行结果:1597

【9.4】 编写函数,求方程 $ax^2+bx+c=0$ 的根,用 2 个函数分别求当 b^2-4ac 大于 0,等于 0 时的根,并输出结果(保留两位小数),由主函数输入 a,b,c 的值。

第一次运行程序

　　输入测试数据:1 2 1

　　程序运行结果:x1=x2=-1.00

第二次运行程序

　　输入测试数据:3 5 2

　　程序运行结果:x1=-0.67　　x2=-1.00

【9.5】 编写函数,该函数的功能是,将所有大于 1 小于整数 m 的非素数存入 xx 所指数组中,非素数的个数通过 k 传回。整数 m 的值由主函数输入。

输入测试数据:17

程序运行结果: 4 6 8 9 10 12 14 15 16

【9.6】 编写函数,用牛顿迭代法求方程 $x^3-5x^2+16x-80=0$ 在 5.5 附近的一个根。

程序运行结果: 5.000

【9.7】 编写函数,该函数的功能是判断输入的一个整数是否为素数。

输入测试数据:输入一个整数给 x: 7

程序运行结果:7 是一个素数

输入测试数据:输入一个整数给 x: 14

程序运行结果:14 不是一个素数

【9.8】 编写函数,该函数的功能是,在一维数组中查找指定数及其在数组中的位置。

输入测试数据:4 6 8 9 10 12 14 15 16 18

　　　　　　　15

程序运行结果:15 Position is 8

输入测试数据:4 6 8 9 10 12 14 15 16 18
20
程序运行结果:15 could not be found

【9.9】 编写函数,该函数的功能是求二维数组中最大元素值。

输入测试数据: 1 3 5 7
2 4 6 8
15 17 34 12
程序运行结果:max value is 34

【9.10】 编写函数,使输入的一个字符串按反序存放,在主函数中输入和输出字符串。

输入测试数据:qwerty
程序运行结果:ytrewq

【9.11】 编写函数,输入一行字符,将此字符串中最长的单词输出。

输入测试数据:abcd ab as asde wxyz qwerty
程序运行结果:qwerty

【9.12】 编写函数,采用选择法对输入的任意 10 个数按从大到小的顺序排列。数据由主函数输入,排序好的数据也由主函数输出。

输入测试数据:23 56 34 87 99 67 21 54 46 73
程序运行结果:99 87 73 67 56 54 46 34 23 21

2. 应用提高

【9.13】 编写函数,该函数的功能是将任意的十六进制数转换为相应的十进制数,并返回主调函数。要求在主函数中输入十六进制数,输出转换后十进制数。

输入测试数据:3A
程序运行结果:58

【9.14】 编写函数,把 M×N 矩阵的元素逐列按降序排列。假设 M、N 不超过 3,分别编写求一维数组元素值最大和元素值最小的函数,主函数中初始化一个二维数组 a[3][3],调用定义的两函数输出排序前及排序后每行的最大值和最小值。

输入测试数据: 2 6 3
7 9 1
4 5 8
程序运行结果:before sort:
2 6 3
7 9 1
4 5 8

```
      1 max: 6 min: 2
      2 max: 9 min: 1
      3 max: 8 min: 4
after sort:  7  9  8
             4  6  3
             2  5  1
      1 max: 9 min: 7
      2 max: 6 min: 3
      3 max: 5 min: 1
```

【9.15】 输入 10 个学生 5 门课的成绩,分别用函数实现下列功能:

(1) 计算每个学生的平均分;

(2) 计算每门课的平均分;

(3) 找出所有 50 个分数中的最高分数所对应的学生和课程;

(4) 求出平均分方差:

$$\sigma = \frac{1}{n}\sum x_i^2 - \left(\frac{\sum x_i}{n}\right)^2$$

其中,x_i 为某一学生的平均分。

【9.16】 编写函数,统计子串 sub 在母串 s 中出现的次数。

输入测试数据:abbcddbcffadbccdefvbc

bc

程序运行结果:4

9.4 实训练习

(一) 选择题

1. 下列 fun 函数中,函数值的类型是______。

```
fun (float a)
{
  float b;
  b=5 * a+7;
  return b;
}
```

A. int　　B. 不确定　　C. void　　D. float

2. 下列选项中,函数首部定义正确的是______。

A. float sum(int x,int y)　　B. float sum(int x; int y)

C. float sum(x,y)　　D. float sum(int x,y)

3. 下列函数定义中，正确的函数形式是______。

A. float sum(int x,int y)
{z=x+y;return z;}

B. sum (int x,y)
{int z;return z;}

C. sum(x,y)
{ int x,y; float z;
z=x*y; return z;}

D. float sum(int x,int y)
{ float z;
z=x*y; return z;}

4. 若有定义 char c1,c2;,则以下不正确的函数调用为______。

A. scanf("c1=%cc2=%c",&c1,&c2);　B. c1=getchar();

C. putchar(c2);　D. putchar();

5. 若有数组名做函数调用时的实参，则实际上传递给形参的是______。

A. 数组首地址　B. 数组的第一个元素值

C. 数组中全部元素的值　D. 数组元素的个数

6. 下列选项描述正确的是______。

A. 定义函数时，形参的类型说明可以放在函数体内

B. return 后面的值不能为表达式

C. 如果函数的类型与返回值不一致，以函数类型为准

D. 如果形参与实参的类型不一致，以实参类型为准

7. 下列选项描述正确的是______。

A. 全局变量的作用域一定比局部变量的作用域范围大

B. 静态(static)类别变量的生存期贯穿于整个程序的运行期间

C. 函数的形参都属于全局变量

D. 未在定义语句中赋初值的 auto 变量和 static 变量的初值都是随机值

8. 有函数定义：

void fun(int n,float x){……}

若下列选项中的变量都已正确定义并赋值，则对函数 fun 的正确调用语句是______。

A. fun(int y,double m);　B. k=fun(10,125);

C. fun(10,125);　D. void fun(n,x);

9. 在C语言中，凡未指定存储类别的局部变量的隐含存储类别是______。

A. auto　B. static　C. extern　D. register

10. 在C语言程序中，若函数无返回值，则应该对函数说明的类型是______。

A. int　B. double　C. char　D. void

11. 若有定义语句，int a[10],b[10],c;,在主函数前定义的 fun 函数原型为 void fun (int a[]),则下列选项正确的调用语句是______。

A. x=fun(b);　B. fun(&a[0]);　C. fun(b[10]);　D. fun(c);

12. 以下程序运行后的输出结果是______。

```
#include <stdio.h>
void  f(int x,int y,int z)
{
  z=x*z-y*z;
```

```
}
int main( )
{
  int a=4;
  f(6,3,a);
  printf("%d",a);
  return 0;
}
```

A. 0　　B. 4　　C. 12　　D. 无定值

13. 以下程序运行后的输出结果是______。

```
#include <stdio.h>
void fun( )
{
    static int a=0;
    a+=3;printf("%d ",a);
}
int main( )
{
    int b;
    for(b=2;b<4;b++) fun( );
    return 0;}
```

A. 3 3　　B. 3 6　　C. 2 4　　D. 0 3

14. 以下程序运行后的输出结果是______。

```
#include <stdio.h>
int fun(int n)
{
    int f=1;
    f=f*n;
    return  f;
}
int main( )
{
  int i;
    for(i=1;i<=3;i++)  printf("%2d",fun(i));
    return 0;
}
```

A. 1 2 3　　B. 1 2 6　　C. 2 4 6　　D. 1 4 9

15. 以下程序运行后的输出结果是______。

```
#include <stdio.h>
float fun(int x,int y)
{return(x+y);}
int main( )
{
  int a=2,b=3,c=4;
```

```
    printf("%.2f\n",fun((int)fun(a+b,c),c-b));
    return 0;
}
```

A. 编译出错　　B. 9　　C. 21.00　　D. 10.00

16. 以下程序运行后的输出结果是______。

```
#include <stdio.h>
void sort(int a[],int n)
{
    int i,j,t,p;
    for(i=0;i<n-1;i++)
    {
        p=i;
        for(j=i+1;j<n;j++)
            if(a[p]<a[j])p=j;
        if(p!=i)
        {t=a[i];a[i]=a[p];a[p]=t;}
        }
    }
int main()
{
    int aa[6]={1,2,3,4,5,6},i;
    sort(aa,5);
    for(i=0;i<6;i++)
        printf("%d,",aa[i]);
    printf("\n");
}
```

A. 1,2,3,4,5,6,　　B. 6,5,4,3,2,1,　　C. 5,4,3,2,1,6,　　D. 5,4,3,1,2,6,

17. 以下程序运行后的输出结果是______。

```
#include <stdio.h>
int f(int n)
{
    if (n==1) return 1;
    else return f(n-1)+1;
}
int main()
{
    int i,j=0;
    for(i=1;i<3;i++) j+=f(i);
    printf("%d\n",j);
    return 0;
}
```

A. 4　　B. 3　　C. 2　　D. 1

18. 以下程序运行后的输出结果是______。

```
#include <stdio.h>
```

```
void reverse(int a[],int n)
{
  int i,t;
  for(i=0;i<n/2;i++)
  { t=a[i];
    a[i]=a[n-1-i];
        a[n-1-i]=t;
  }
}
int main()
{ int b[6]={2,4,6,8,10,12},i,s=0;
  reverse(b,4);
  for(i=1;i<4;i++)
    s+=b[i];
  printf("%d\n",s);
}
```

A. 20　　B. 36　　C. 12　　D. 28

19. 以下程序运行后的输出结果是______。

```
#include <stdio.h>
int a=10,b=20;
int main()
{ int sub(a);
  int b=30,sum;
  sum=sub(a)+sub(b);
  printf("%3d%3d%3d\n",a,b,sum);
}
int sub(int x)
{
  b=a;
  return(x+b);
}
```

A. 10 10 60　　B. 10 20 30　　C. 10 20 50　　D. 10 30 60

20. 以下程序运行后的输出结果是______。

```
#include <stdio.h>
int a=10,b=20,x=30;
int main()
{ sub(a);
  printf("%3d%3d%3d\n",a,b,x);
  return 0;}
void sub(int x)
{ x=a;
  b=a;}
```

A. 10 10 30　　B. 10 20 30　　C. 10 10 10　　D. 10 10 20

21. 以下程序运行后的输出结果是______。

```
#include <stdio.h>
int fun(int x[5],int y[5])
{
   int i,sum=0;
   for(i=0;i<5;i+=2)
      sum += x[i]+y[i];
   return sum;
}
int main()
{
   int a[]={1,2,3,4,5,6,7,8,9,10};
   printf("%d",fun(a,&a[5]));
   return 0;
}
```

A. 22　　B. 33　　C. 44　　D. 55

22. 以下程序运行后的输出结果是______。

```
#include <stdio.h>
int main()
{
   int a=1,b=2,c=3;
  ++a; c +=++b;
   {int b=4,c;
      c=b * 3;
      a+=c;}
   printf("%d,%d,%d\n",a,b,c);
}
```

A. 2,4,6　　B. 14,3,6　　C. 14,4,12　　D. 10,4,12

23. 以下程序运行后的输出结果是______。

```
#include <stdio.h>
int f1(intx,int y)
{   return x>y?x:y;}
int f2(intx,int y)
{   return x>y?y:x;}
int main()
{
   int a=10,b=20,c=30;
   printf("%d,%d",f1(f1(a,b),c),f2(a,f2(b,c)));
   return 0;
}
```

A. 30,10　　B. 10,30　　C. 30,20　　D. 20,10

24. 以下程序运行后的输出结果是______。

```
#include <string.h>
#include <stdio.h>
```

```
void fun(char p[][10],char t[],int n)
{
  int i,j;
  strcpy(t,p[0]);
  for(i=0;i<n-1;i++)
    if(strcmp(p[i],t)<0)
      strcpy(t,p[i]);
}
int main()
{  char p[5][10]={"abc","xxyt","abbd","aaab","cd"};
   char str[10];
   fun(p,str,5);
   printf("%s",str);
}
```

A. abc B. xxyt C. aaab D. cd

25. 以下程序运行后的输出结果是______。

```
#include <stdio.h>
void fun(char str[])
{
  int a,b,i,j;
  for(i=j=0;str[i]!='\0';i++)
  if(str[i]!='e')
    str[j++]=str[i];
  str[j]='\0';
}
int main()
{
  char str[]="heezdere";
  fun(str);
  printf("%s",str);
}
```

A. hezder B. hzdere C. heezdr D. hzdr

(二) 程序填空

1. 下列程序中,函数 LineMin 的功能是,在 N×M 的二维数组中,查找每一行上的最小值。并由主函数调用 LineMin 函数。

```
#define  N  3
#define  M  4
#include <stdio.h>
void LineMin(int  a[N][M])
{
  int i,j,p;
  for(i=0; i<N;i++)
    {  ____①____;
       for(j=1; j<M;j++)
```

```
            if(a[i][p]>a[i][j]) ____②____;
        printf("The min value in line %d is %d\n",i,a[i][p]);
        }
}
int main()
{
    int  x[N][M]={1,5,7,4,2,6,4,3,8,4,3,9};
    ____③____;
}
```

2. 下列程序中,函数 ver 的功能是将任意字符串按反序存放。在主函数中输入字符串,并调用 ver 函数,最后输出反序存放的字符串。

```
#include <stdio.h>
#include <string.h>
void main()
{
    char str[100];
    scanf("%s",str);
    ____④____;
    printf("%s\n",str);
}
void ver(char str[])
{
    char t;
    int i,j;
    j=strlen(str);
    for(i=0; ____⑤____;i++)
      {   t=str[i];
          ____⑥____;
          str[j-1-i]=t;   }
}
```

3. 下列程序中,函数 fun 的功能是将十进制正整数转换成 k(2≤k<10)进制数,并按位输出。在主函数中输入十进制数,并调用 fun 函数。

```
#include <stdio.h>
void fun(int m,int k)
{   int a[20],i;
    for(i=0;m;i++)
    {   ____⑦____;
        m/=k;
    }
    for(  ; i; ____⑧____)
        printf("%d",a[i-1]);
}
int main()
{
```

```
    intb,n;
    printf("\nplesde enter a number and a base:\n");
    scanf("%d%d",&n,&b);
    ____⑨____;
    printf("\n");
}
```

4. 下列程序中,函数 new 的功能是将字符串 str 中下标为奇数的字符删除,串中剩余字符形成一个新串,计算新串的长度。在主函数中输入字符串,并调用 new 函数。

```
#include <stdio.h>
int new(char str[])
{
    int i=0,j=0;
    char str2[100];
    while(____⑩________)
    {if(i%2==0)
       {str2[j]=str[i];
         j++;}
       i++;
    }
    ____⑪____;
    i=0;
    while(str2[i]!='\\0'){str[i]=str2[i];i++;}
    str[i]='\\0';
    ____⑫____;
}
void main()
{   char str[50];
      int n;
      gets(str);
      printf("%s\n",str);
      ____⑬____;
      printf("%s,%d\n",str,n);
}
```

5. 下列程序实现一个足够大的偶数(>6)总能表示为两个素数之和,函数 isprime 的功能是判断一个整数是否为素数。

```
#include <stdio.h>
#include <math.h>
int isprime(int n)
{
      int ____⑭____;
      int i;
      if(n<2)
         f=0;
      for(i=2;i<=sqrt(n);i++)
```

```
        if(n%i==0)
        {f=0;____⑮____;}
          ____⑯____;
}
int main()
{
    int i,j;
    int a;
    printf("Please input a num(>6) a=");
    scanf("%d",&a);
    for(i=0;i<a/2;i++)
    {
      if(____⑰____==1&&isprime(a-i)==1)
        printf("\n%d,%d",i,a-i);
  }
}
```

6. 下列程序中，函数 select 的功能是在 N 行 M 列的二维数组中，找出最大值及其行列下标。

```
#define N 3
#define M 3
#include <stdio.h>
____⑱____;
select(int a[N][M])
{
    int i,j,maxnumber=a[0][0];
    for(i=0;i<N;i++)
    for(j=0;j<M;j++)
    if(a[i][j]>maxnumber)
    {   maxnumber=a[i][j];
      row=i;
        colum=j;}
    ____⑲____;
}
void main()
{
    int a[N][M]={9,11,23,6,1,45,9,17,20},max,n;
    ____⑳____;
    printf("max=%d,row=%d,column=%d\n",max,row,colum);
}
```

7. 下列程序中，函数的功能是将任意的十六进制数转换为相应的十进制数，并返回主调函数，要求在主函数中输入十六进制数，输出转换后十进制数。

```
#include <stdio.h>
#include <string.h>
void main()
```

```
{
  char array[100];
  void fun(char array[100]);        /* 函数声明 */
  gets(array);
  fun(array);
}
void fun(    ㉑    )
{
  int sum=0,i;
  for(i=0;i<strlen(array);i++)
  {
  sum *=16;
  if('0'<=array[i]&&array[i]<='9')
      sum+=    ㉒    ;          /* 将数字字符转为数后,求和 */
  if('a'<=array[i]&&array[i]<='f')
      sum+=    ㉓    ;          /* 将小写字母转为数后,求和 */
  if('A'<=array[i]&&array[i]<='F')
      sum+=    ㉔    ;          /* 将大写字母转为数后,求和 */
  }
  printf("%d",sum);
}
```

8. 下列程序中,函数的功能是根据主函数传递的 m 的值($2\leqslant m\leqslant 10$),生成一个 m 行 m 列的二维数组。生成的规则如下所示,若 m 值为 4 时,生成 4 行 4 列的二维数组:

```
1  2  3   4
2  4  6   8
3  6  9   12
4  8  12  16
```

```
#include <stdio.h>
#define M 10
int a[M][M]={0};                  /* 全局变量 */
void fun(    ㉕    ,int m)
{
  int j,k;
  for(j=0;j<m;j++)             /* 按规律对二维数组赋值 */
  for(k=0;k<m;k++)
  a[j][k]=    ㉖    ;
}
void main()
{
  int i,j,n;
  printf("Enter n\n"); scanf("%d",&n);
  fun(a,n);
  for(i=0;i<n;i++)
  {
      for (j=0;j<n;j++)
```

```
        printf("%4d",a[i][j]);
        ____㉗____;
    }
}
```

9. 下列程序中,函数 hcf 求最大公约数,函数 lcd 求最小公倍数。主函数输入两个整数,并调用两个函数输出两个整数的最大公约数和最小公倍数。

```
#include <stdio.h>
int hcf(int u,int v)
{
  int t,r;
  if(v>u)                    /*确保v比u大*/
  {
  t=u;u=v;v=t;
   }
while(____㉘____)           /*辗转相除法求最大公约数*/
{
  u=v;
  v=r;
}
____㉙____;
}
int lcd(int u,int v,int h)
{
____㉚____;                 /*求最小公倍数,并返回*/
}
void main()
{
  int m,n,h,l;
  scanf("%d,%d",&m,&n);
  h=____㉛____;
  printf("H.C.F=%d\n",h);
  l=____㉜____;
  printf("L.C.D=%d\n",l);
}
```

(三)程序改错

1. 下列程序中函数 fun 的功能是,首先将 s 数组中的字符串按以下规则复制到 t 数组;已知 *n* 为数组元素下标值,对于 *n* 为奇数位置的字符复制 *n* 次;对于 *n* 为偶数位置的字符只复制一次,之后再将 t 数组中的字符串逆置。

根据题目要求及程序中语句之间的逻辑关系对程序中的错误进行修改。题中用"/****** found ******/"来提示在下一行有错。

改错时,可以修改语句中的一部分内容,增加少量的变量说明或编译预处理命令,但不能增加其他语句,也不能删去整条语句。

输入测试数据:ABCMEQG

程序运行结果：GQQQQQEMMMCBA

如下含有错误的源程序：

```
#include <stdio.h>
#include <conio.h>
void fun(char s[],char t[])
{
  int i,k,n;
  char temp;
  n=0;
  for(i=0;s[i]!='\0';++i)
    /********found********/
      if(i%2=1)
        for(k=0;k<i;++k)
        {
          t[n]=s[i];
          n++;
        }
    /********found********/
      else t[n]=s[i];
  t[n]='\0';
    /********found********/
  for(i=0;i<(n-1)/2;i++)
      {
        temp=t[i];
        t[i]=t[n-1-i];
        t[n-1-i]=temp;
      }
    }
    void main()
    {
      char s[20],t[100];
      printf("\nPlease enter string s:");
      gets(s);
      /********found********/
      fun(s[],t[]);
      printf("The result is:%s\n",t);
}
```

2. 给定程序的功能是，读入一个英文文本行，将其中每个单词的第一个字母改成大写，然后输出此文本行（这里的“单词”是指由空格隔开的字符串）。

根据题目要求及程序中语句之间的逻辑关系对程序中的错误进行修改。题中用“/******found******/”来提示在下一行有错。

改错时，不要改动 main 函数，也不得更改程序的结构。可以修改语句中的一部分内容,增加少量的变量说明或编译预处理命令,但不能增加其他语句,也不能删去整条语句。

输入测试数据:I am a student to take the examination.

程序运行结果:I Am A Student To Take The Examination.

如下含有错误的源程序:

```
#include <ctype.h>
#include <string.h>
/ ********* found ********* /
include <stdio.h>
/ ********* found ********* /
void upfst (char str)
{
  int k=0,i;
  for (i=0; str[i]; i++)
  if (k)
  {
    if (str[i]== ' ')
      k= 0;
  }
  else if(str[i]!=' ') {
      k= 1;
  / ********* found ********* /
    str[i]=toupper(str); }
  }
  void main()
  {
    char chrstr[81];
    printf("\nPlease enter an English text line: ");
    gets(chrstr);
    printf("\n\nBefore changing:\n %s",chrstr);
    upfst(chrstr);
    printf("\nAfter changing:\n %s\n",chrstr);
}
```

【微信扫码】

习题解答&相关源程序

实验 10　指针与数组

10.1　实验要求

1. 理解指针、地址和变量的关系。
2. 掌握指针变量定义,引用及初始化的方法。
3. 掌握指针运算符 * 和 &,指针指向连续存储区域时的指针移动。
4. 掌握指针与一维数组的应用。
5. 掌握指针与二维数组的应用。
6. 编写程序的文件名均采用以 ex10_题号.c 的形式命名,如【10.1】程序文件名为 ex10_1.c。

10.2　实验指导

1. 地址和指针的概念

在计算机中,所有的数据都存放在存储器中。一般把存储器中的一个字节称为一个存储单元,每个存储单元对应一个编号,称之为地址。在程序中说明变量后,编译系统根据程序中定义变量的数据类型为变量分配连续的存储单元,将变量值存储在该存储单元中。这时可通过变量名直接使用或修改变量的值,也可通过地址间接使用或修改变量的值。

变量所对应的存储单元的地址称为变量地址或变量指针。用一个变量专门来存放另一个变量的地址,则该变量称为指针变量。

一个变量既可以通过变量名进行访问,也可以通过该变量指针进行访问。

(1) 直接访问。变量的存储就是对相应存储单元的存储。

(2) 间接访问。通过指针变量来存储。如图 10.1 所示,将变量 m 的地址存放在另一变量 p 中,通过指针变量 p 来访问变量 m 的值。

指针是 C 语言中非常重要的一种数据类型,使用指针可以使程序简洁、紧凑、高效,有效地表示复杂的数据结构,实现动态分配内存;指针做参数时,可得到多于一个的函数返回值。

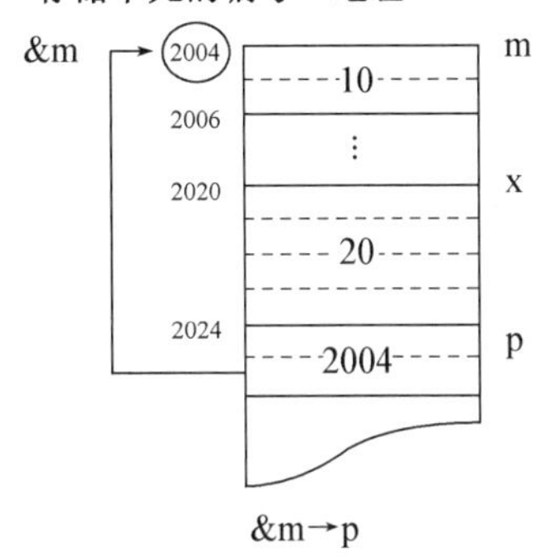

图 10.1　变量、地址、指针变量

所以，熟练地使用指针是C语言程序设计中必不可少的一种技能。

2. 指针变量定义、引用及初始化

指针变量必须遵循“先定义后使用”的原则。

指针变量说明的一般格式：

类型说明符 * 指针变量名；

其中，指针变量名前的 * 符号，仅是一个表明为指针变量的符号，而类型说明符表示该指针变量所指向的变量的数据类型。但指针变量的类型都是指针类型。

如有定义：

```
int *p1, *p2;
float *q;
char * cp;
```

指针变量名为 p1，p2，q，cp，都是指针类型。指针变量只能指向定义时所规定类型的变量，即 p1 和 p2 指针变量只能指向一个整型变量；q 指针变量只能指向一个单精度浮点型变量；cp 指针变量只能指向一个字符型变量。

指针变量定义后，编译系统会分配相应的存储单元，但此时指针变量并未指向任何变量，因此引用指针变量时，先要给指针变量赋值。指针变量的赋值只能赋予地址值。

指针变量初始化一般形式：

类型说明符×指针变量名=初始地址值；

指针变量的初始化也称为指针初始化，使该指针变量指向初始地址值所给定的空间。

如 int a，*p=&a；

将变量 a 的地址作为初值赋给指针变量 p，从而使 p 指向了变量 a 的存储空间，简称为 p 指向变量 a。

3. 指针运算符 * 和 &

与指针相关的运算符有：

(1) &：取变量地址运算符。单目运算符，按右结合。返回变量的内存地址。

(2) *：取指针内容运算符。单目运算符，按右结合。返回指针指向变量的值。

运算符“&”后跟的是变量，而运算符“*”后跟的是指针变量(地址)。

若已定义，int i=10, *p;，要使指针变量指向整型变量 i，则需将整型变量 i 的地址赋给指针变量 p，即 p=&i。如图 10.2 所示。

i：整型变量，其值为 10。

&i：整型变量 i 的地址，内存编号 2000。

p：指针变量，它的内容是地址量，整型变量 i 的地址 2000。

*p：指针指向整型变量 i 的值，其值为 10。

&p：指针变量占用内存的首地址，内存编号 2004。

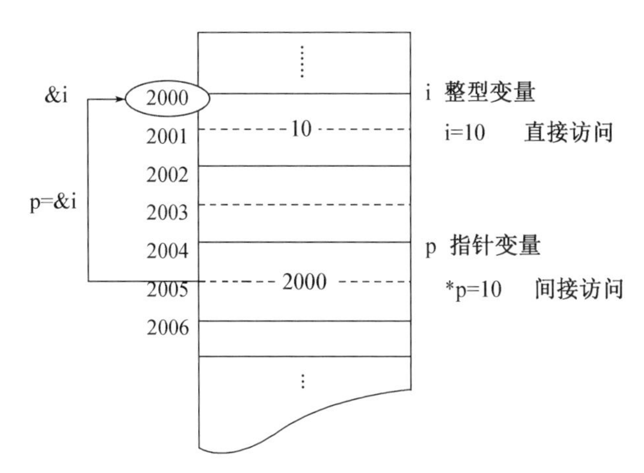

图 10.2　指针变量与变量间的运算关系图示

则指针变量与变量间的运算，存在着下列等价关系：

p⇔&i⇔&(*p)，i⇔*p⇔*&i

4. 指针与一维数组

数组是由若干个具有相同类型的，且占有连续存储单元的一组数据的集合，数组名是该连续存储单元的首地址，每个数组元素都有相应的地址。数组的首地址称为数组指针，数组元素的地址称为数组元素指针，且都是常量。因此可以将数组元素的地址赋给指针变量，也可将数组名赋给指针变量。

当指针变量指向连续的存储单元时，指针变量可进行指针移动的运算。运算原则：

(1) p++，使指针变量移动到它指向对象的下一个元素的内存位置，表达式 p++ 取指针变量 p 移动前的存储单元地址；

(2) ++p，使指针变量移动到它指向对象的下一个元素的内存位置，表达式++p 取指针变量 p 移动后的存储单元地址；

(3) p--，使指针变量移动到它指向对象的上一个元素的内存位置，表达式 p-- 取指针变量 p 移动前存储单元的地址；

(4) --p，使指针变量移动到它指向对象的上一个元素的内存位置，表达式--p 取指针变量 p 移动后存储单元的地址；

(5) p+i（其中 i 是整型常量），使指针变量从当前指向存储位置偏移到之后第 i 个元素的内存位置，但指针变量仍指向原存储单元。

(6) p−i（其中 i 是整型常量），使指针变量从当前指向存储位置偏移到之前第 i 个元素的内存位置，但指针变量仍指向原存储单元。

若已有定义：int a[5], *p=a;

其中，数组名 a 是地址常量，将数组的首地址赋给指针变量 p，也称指针变量 p 指向了数组的首地址。指针变量 p 与数组指针 a 等价，它们既可以用下标的形式表示，又可以用指针的形式表示。存在着如下的关系：

(1) a↔p↔&a[0]；

(2) a+i↔p+i↔&a[i]；

(3) *(a+i)↔*(p+i)↔a[i]↔p[i]

【例 1】 编程实现,用指针法将任意 10 个整数存入数组,并输出。

```
#include <stdio.h>
void main()
{
  int a[10], *p;
  for(p=a;p<a+10;p++)
    scanf("%d",p);
  printf("\n");
  for(p=a;p<a+10;p++)
    printf("%4d", *p);
}
```

输入测试数据:23 4 5 8 9 2 9 34 56 1

程序运行结果: 23 4 5 8 9 2 9 34 56 1

要点:

(1) 在第一个 for 循环中首先对指针变量 p 赋值,使之指向数组元素的首地址。

(2) 因为指针变量本身就是地址,所以在 scanf 函数中不能加 &。

(3) 通过指针变量的移动,实现对数组元素的输入。

(4) 当 10 个数输入完成后,指针变量指向数组的最后一个数组元素的下一个存储单元。当要输出数组元素的所有值时,需要指针变量指向数组元素的第一个元素,所以第二个 for 循环中要重新对指针变量赋数组的首地址。

(5) 用指针的下标法实现对数组元素的输入输出。

```
#include <stdio.h>
void main()
{
  int a[10], *p,i;
  p=a;                          /* 对指针变量赋值 */
  for(i=0;i<10;i++)
    scanf("%d",p+i);
  printf("\n");
  for(i=0;i<10;i++)
    printf("%4d", *(p+i));
}
```

【例 2】 编程实现,用指针法求任意 10 个整数的最大值。

```
#include <stdio.h>
void main()
{
  int a[10], *p,max;
  for(p=a;p<a+10;p++)
    scanf("%d",p);
  p=a;                     /* 对指针变量赋值 */
  max= *p;                 /* 将指针变量指向的数组元素的值赋给 max */
  for(p=a+1;p<a+10;p++)
    if(max< *p)
```

```
        max= *p;
    printf("max=%d",max);
}
```

输入测试数据:23 45 6 222 78 98 15 8 34 789

程序运行结果:max=789

要点:

(1) 表达式 max= *p,*p 的含义是取指针变量指向数组元素的值。

(2) 表达式 p=a+1 的含义是让指针指向数组元素 a[1],a+1 等价于 &a[1]。

5. 用指针法实现在有序序列插入一个数后仍然有序(插入法排序)

若已有序列是升序序列,在升序序列插入一个元素后,仍使该序列是升序。

已有定义:

```
#define N 10
int a[N+1],*p,*q,x;
```

基本算法思想是:

(1) 先查找元素 x 插入的位置。查找方法,插入元素 x 与数组中的元素一一比较。

由于数组元素中的数是以升序顺序存放,所以从序列的第一个元素开始与 x 比较,若序列中元素小于 x,则继续比较下一个;反之若序列中元素大于 x,则该元素的位置即为 x 的插入位置,采用循环结构,实现查找。

```
p=a;
while( *p<x&&p<a+N)
    p++;
```

p=a 使指针变量 p 指向数组的第一个元素(即下标为 0 的元素),指针指向的元素的值 *p与 x 比较,若小于 x,则指针下移一位,继续比较,反之,则指针指向的元素的位置即为 x 的插入位置。

当循环结束后,指针变量 p 指向的位置就是 x 待插入的位置。

(2) 元素右移。当找到插入位置时,需要将此位置上的元素及其后面的元素依次向右移动一个位置,即从最后一个元素开始将元素向右移动一位,空出插入位置,否则会出现数据被覆盖的情况,采用循环结构,将元素右移。

```
for (q=a+N-1;q>=p;q--)
    *(q+1)= *q;
```

实现元素右移的方法,再引入一个指针变量 q,使之指向序列的最后一个元素,从最后一个元素开始依次向右移动,直到指针变量 p 指向的位置为止。

(3) 插入元素。

```
    *p=x;
```

移完之后,在待插入的位置插入 x 的值,插入完成后该序列中元素的个数增加 1,所以在定义数组时数组长度一定是插入元素后的长度,若只插入一个元素,数组的长度为N+1。

【例 3】 编程实现,在一个具有 N 个元素的有序(升序)序列中插入一个新元素 x,插入后要求序列仍按升序排列。

```
#include <stdio.h>
```

```
#define N 10                                 /*序列元素个数*/
void main()
{
  int i,x,a[N+1]={1,4,7,9,12,15,23,31,45,52};
  /*因为插入x后元素个数会增加一个,所以在定义数组时要多定义一个*/
  int *p, *q;
  printf("请输入要插入的元素 x:");
  scanf("%d",&x);                             /*输入要插入的元素*/
  printf("\n插入前的序列:\n");
  for (i=0;i<N;i++)
    printf("%4d",a[i]);
  p=a;
  while( *p<x&&p<a+N)   p++;                  /*寻找插入的位置*/
  for (q=a+N-1;q>=p;q--)                     /*从序列最后一个元素开始向后移动元素*/
    *(q+1)= *q;
  *p=x;                                       /*插入x*/
  printf("\n插入后的序列:\n");
  for (i=0;i<N+1;i++)                         /*序列元素个数加1*/
    printf("%4d",a[i]);
  printf("\n");
}
```

输入测试数据:20

程序运行结果:插入前的序列:

```
1   4   7   9   12   15   23   31   45   52
```

插入后的序列:

```
1   4   7   9   12   15   20   23   31   45   52
```

要点:

(1) 实现插入时,定义数组的长度要比原序列的数的个数要大,使得在原序列中插入元素x后,数组元素仍然合法。

(2) 在有序数列中插入一个元素时其算法包括3个步骤:查找、元素右移和插入。

(3) 在有序数列中插入一个元素时,要考虑该序列是升序还是降序,升序与降序在查找插入位置时循环条件不同。

升序查找时循环继续条件:

x>a[i]&&i<N 或 *p<x&&p<a+N

降序查找时循环继续条件:

x<a[i]&&i<N 或 *p>x&&p<a+N

(4) 在有序序列中插入一个元素和在一个有序序列中删除一个元素可以说是互逆算法。如,在一个具有N个元素的有序(升序)序列中删除一个值为x的元素,删除后要求序列仍然按升序排列。

在序列中删除一个元素,其算法同样包括3个步骤,具体如下:

(1) 查找。从序列的第一个元素开始查找与删除元素值相同的位置。

```
p=a;
while( *p!=x&&p<a+N)   p++;
```

需要注意的是如果原序列中没有符合条件的元素，也要给出相应的提示信息。

(2) 元素左移。从删除的位置开始，将其后的所有元素都依次向左移动一位。

```
for (q=p;q<a+N-1;q++)
    *q= *(q+1);
```

(3) 删除后，原序列中的元素个数要减去一个。

```
#include <stdio.h>
#include <stdlib.h>
#define N 10                              /* 元素个数 */
void main()
{
  int i,x,a[N]={1,4,7,9,12,15,23,31,45,52};
  int *p, *q;
  printf("请输入要删除的元素 x:");
  scanf("%d",&x);                         /* 输入要删除的元素 */
  printf("删除前的序列: \n ");
  for (i=0;i<N;i++)
    printf("%4d",a[i]);
  p=a;
  while( *p!=x&&p<a+N)   p++;             /* 查找删除元素的位置 */
  if (p==a+N)                             /* 删除的元素不存在 */
    {
      printf("\n 要删除的元素不存在!\n");
      exit(0);                            /* 退出程序 */
    }
  for (q=p;q<a+N-1;q++)                   /* 从序列最后一个元素开始向左移动元素 */
      *q= *(q+1);
  printf("\n 删除后的序列: \n ");
  for (i=0;i<N-1;i++)                     /* 序列元素个数减 1 */
      printf("%4d",a[i]);
  printf("\n");
}
```

第一次运行程序

输入测试数据：23

程序运行结果：

```
删除前的序列：
   1   4   7   9  12  15  23  31  45  52
删除后的序列：
   1   4   7   9  12  15  31  45  52
```

第二次运行程序

输入测试数据：20

程序运行结果：

```
删除前的序列：
   1   4   7   9  12  15  31  45  52
```

要删除的元素不存在!

6. 指针与二维数组

在C语言中,二维数组从形式上可看成是由行列组成的,二维数组又可看成是由多个一维数组组成的。

若有定义:int a[3][4];

该二维数组a可看成是由数组元素a[0],a[1],a[2]组成的一维数组,而每个数组元素又是含有四个数组元素的一维数组的首地址。由此二维数组a的数组元素是地址,是行指针,需定义一个行指针变量与其等价。

定义的一般格式:

类型说明符　(*指针变量名)[下标]

其中,类型说明符是行指针变量指向的数据类型,(*)说明该变量是指针变量,其括号不能省略,而[ ]说明该指针变量所指的对象是一个一维数组,下标表示所指一维数组的数组元素的个数,数组的长度。

若有定义,int a[3][4],(*p)[4];

对指针变量进行赋值,p=a;则指针变量p指向二维数组的首地址,指针变量p与数组指针a完全等价,并且都是行指针,且存在以下的等价关系:

(1) p↔a↔a[0]↔&a[0][0]。(p,a,a[0],&a[0][0]等值但不等价,因为p,a是行指针,a[0],&a[0][0]是列指针)。

(2) p+i↔a+i。

(3) *(p+i)+j是二维数组第i行第j列的元素的地址。

(p+i)+j↔(a+i)+j↔p[i]+j↔a[i]+j↔&a[i][j]

(4) *(*(p+i)+j)是二维数组第i行第j列数组元素的值。

((p+i)+j)↔*(*(a+i)+j)↔*(p[i]+j)↔*(a[i]+j)↔p[i][j]↔a[i][j]

从上面的等价关系可知,对数组元素进行访问时,既可以使用下标法也可以使用指针法,不过由于指针更具有灵活性,所以利用指针访问数组更为普遍。

【例4】 编程实现,一个M×N的二维数组,用指针法求出二维数组中最小元素。

```
#include <stdio.h>
#define M 2
#define N 4
void main()
{
  int a[M][N];
  int i,j,(*p)[N],min,*q=&min;
  p=a;
  for(i=0;i<M;i++)
    for(j=0;j<N;j++)
      scanf("%d",*(p+i)+j);
  min=a[0][0];
  for(i=0;i<M;i++)
      for(j=0;j<N;j++)
```

```
        if(p[i][j]< *q) *q=p[i][j];
    printf("min=%d",min);
}
```

输入测试数据:23 45 67 87 65 88 55 90

程序运行结果:min=23

要点:

(1) 指针变量 p 是行指针,指针变量 q 是列指针。指针赋值的原则是行指针赋给行指针,列指针赋给列指针。

常出现的错误,若有定义 int a[3][4], *p; 则 p=a 赋值表达式是错误的表达式,因数组指针 a 是行指针,指针变量 p 是列指针,所以赋值非法。

(2) *(p+i)+j 表示的是地址等价于 &a[i][j]。

(3) 指针变量也可以用下标的形式表示,本题中 p[i][j]等价于 a[i][j]等价于 *(*(p+i)+j)。

7. 指针与函数

指针变量既可以作函数的实参,又可以作函数的形参。通常情况下,指针变量作为函数的形参时,实参可以是变量的地址、指针变量、数组名或数组元素的地址,实现地址传递。

【例 5】 编程实现,一个 M×N 的二维数组,求二维数组每行中的最小元素。

```
#include <stdio.h>
#define M 3
#define N 4
void fun (int ( *tt)[N],int *q,int n)
{
  int j;
  *q=tt[n][0];                  /* 第n行第1个数组元素赋值,q指向第n行的首元素 */
  for(j=1; j<N; j++)
    if( *q>tt[n][j])
      *q=tt[n][j];
}
void main( )
{ int t[M][N]={{22,45,35,30},{19,13,45,38},{20,22,66,14}};
  int i,j,min[M];
  printf("The original data is : \n" );
  for( i=0; i<M; i++)
  {
    for( j=0; j<N; j++)
      printf ("%6d",t[i][j]);
    printf("\n");
  }
 for (i=0; i<N;i++)             /* 函数调用实现求每行的最小值 */
     fun(t,&min[i],i);
 printf("The result is:\n");
 for (i=0; i<M;i++)
     printf ("%6d",min[i]);
```

```
printf("\n");
}
```

程序运行结果：The original data is：

```
22    45    35    30
19    13    45    38
20    22    66    14
```

The result is：

```
22  13  14
```

要点：

(1) 形参指针变量q指向每行最小值的数组元素，实现地址传递，此时在函数中对*q的内容的改变，会影响相对应的主函数中数组min的数组元素的值。

(2) 二维数组名为实参时，对应的形参也可以是行指针变量。在编程时，也可采用指针的下标形式。

【例6】 编程实现，某班有6名学生，一学期开设4门课程，学期结束时查找有一门以上课程不及格的学生，并输出其各门课程的成绩。

```
#include <stdio.h>
#define M 6
#define N 4
void main()
{
  void search(float (*p)[N],int n,int m);          /*函数search的说明*/
  int i,j;
  float score[M][N];
  printf("please input %d student %d courses grades\n",M,N);
  for(i=0;i<M;i++)
      for(j=0;j<N;j++)
          scanf("%f",*(score+i)+j);
  search(score,M,N);
}
void search(float (*p)[N],int n,int m)
{
  int i,j,flag;
  for(j=0;j<n;j++)
  {
    flag=0;                           /*设置标识变量的初值*/
    for(i=0;i<m;i++)
        if(*(*(p+j)+i)<60)
        {
            flag=1; /*成绩小于60,将标识变量值置为1,并结束本次查找*/
            break;
        }
      if(flag==1)                     /*显示有不及格课程的学生的所有成绩*/
      {
        printf("NO.4%d is fail,his scores are:\n",j+1);
```

```
        for(i=0;i<m;i++)
            printf("%5.1f ", *( *(p+j)+i));
            printf("\n");
        }
    }
}
```

输入测试数据:67　87　65　89

98　67　89　76

90　76　87　65

54　67　43　78

76　55　78　88

67　82　75　69

程序运行结果:No. 4 is fail,his scores are:

54.0　67.0　43.0　78.0

No. 5 is fail,his scores are:

76.0　55.0　78.0　88.0

要点:

(1) 主调函数在被调函数前面时,在主调函数对被调进行函数说明。

(2) 二维数组既可以用指针的形式表示,也可以用下标的形式表示。

(3) 函数的功能是实现查找。其查找算法思想是,设置一个标识变量 flag,初值置为 0,逐一查找某个学生的 4 门课程的成绩中是否有小于 60 的,若找到将标识变量的值置为 1,并结束本次查找。若 4 门课程都大于等于 60,也结束查找。查找结束后根据标识变量的值是否为 1 来决定是否显示该学生的成绩,然后继续查找下一个学生的课程信息。

使用标识变量时,其值有两种状态。如本题中的两种状态,有不及格课程与没有不及格课程,因此标识变量的值常常设为 1 和 0。本题中标识变量的值为 1,表示有不及格课程,标识变量的值为 0,表示没有不及格课程。

10.3　实验内容

1. 夯实基础

【10.1】 用指针法编程实现,对任意的 10 个整数由小到大排序。

输入测试数据:34　2　56　54　13　67　89　57　8　16

程序运行结果:2　8　13　16　34　54　56　57　67　89

【10.2】 用指针法编程实现,将数组 a 中的 n 个整数按相反顺序存放,并输出。

输入测试数据:1　2　3　4　5　6　7　8　9　10

程序运行结果:The array has been reverted:

10　9　8　7　6　5　4　3　2　1

【10.3】 编写函数 void fun(int (*tp)[N]),tp 指向一个 M 行、N 列的矩阵,该函数的功能是求矩阵的转置矩阵。所谓转置矩阵是指该矩阵的行为原矩阵的列,该矩阵的列为原矩阵的行。矩阵中的数在主函数中给出。

输入测试数据:1 2 3 4
5 6 5 8
9 5 4 2

程序运行结果:1 5 9
2 6 5
3 5 4
4 8 2

【10.4】 编写函数,函数的功能是:移动一维数组中的内容,若数组中有 n 个整数,要求把下标从 0 到 p(含 p,p 为小于等于 n-1)的数组元素平移到数组的最后。如一维数组的原始内容为:1,2,3,4,5,6,7,8,9,10;p 的值为 3。移动后,一维数组中的内容应为:5,6,7,8,9,10,1,2,3,4。

输入测试数据:1 2 3 4 5 6 7 8 9 10

程序运行结果:5 6 7 8 9 10 1 2 3 4

【10.5】 编写函数 int fun (int x,int *pp),它的功能是:求出能整除形参 x 且不是偶数的各整数,并按从小到大的顺序放在 pp 所指的数组中,并返回满足条件的所有除数的个数。形参 x 的值由主函数输入。

输入测试数据:35

程序运行结果:1 5 7 35

【10.6】 编写函数 void fun(int (* a)[N]),函数的功能是判断一个 N×N 方阵(N 为奇数)是否为魔方阵。魔方阵的判定条件是:方阵中每行、每列、主对角线及副对角线上的数据之和均相等。数据由主函数输入。如以下方阵中,主对角线的数 8,5,2 之和是 15,辅对角线上的数 6,5,4 之和也是 15,并且每行、每列数据之和为 15,因此该方阵是魔方阵。

第一次运行程序

输入测试数据:8 1 6
3 5 7
4 9 2

程序运行结果:8 1 6
3 5 7
4 9 2
The Array x is a magic square.

第二次运行程序

输入测试数据:1 2 3
5 6 4

9 8 7

程序运行结果:1 2 3

5 6 4

9 8 7

The Array x isn't a magic square.

【10.7】 编写函数 int fun(int *p,int n),函数功能是将一组数据中重复出现的数据只保留一个,其余的删除,再对剩余的数据按由大到小的顺序排序,函数返回该数组中数据的个数。主函数中,用测试数据初始化数组 a,并输出删除且排好序的数据。

输入测试数据:1 2 1 5 6 6 1 9 8 1

程序运行结果:9 8 6 5 2 1

2. 应用提高

【10.8】 编写函数 void fun(int *p,int *q,int * a),p 指向具有 N 个元素的升序序列 a,q 指向具有 M 个元素的升序序列 b,fun 函数的功能是合并成两个序列,使之仍然为升序序列。两个升序序列的数据由主函数提供,并在主函数中输出合并后的升序序列。

输入测试数据:3 6 9 12 34 43 56 61

1 7 8 21 39 41 54 57 66 100

程序运行结果:1 3 6 7 8 9 12 21 34 39 41 43 54 56 57 61 66 100

【10.9】 编写函数 int fun(long n,long *p),函数的功能是验证对于任意一个不超过 9 位的自然数,按下列步骤经过有限次的变换得到的新数最终收敛到 123,函数返回变换过程中生成的所有数据个数。任意自然数由主函数输入,并依次输出变换过程中生成的所有数。

变换规则:

① 统计该数中偶数数字的个数 a,该数中奇数数字的个数 b,该数的总位数 c。

② 用 a、b、c 按以下规则组成一个新数:当 a≠0 时,a 为百位,b 为十位,c 为个位;当 a=0 时,b 为百位,a 为十位,c 为个位。

③ 当这个新数不等于 123 时,对这个新数重复上述操作。经过多次重复,新数最终收敛到 123,数学上称 123 为陷阱数。

输入测试数据:12345678

程序运行结果:12345678:12345678 448 303 123

13579:13579 505 123

【10.10】 编写函数,函数的功能是对已有的一组数列,重新排列它的顺序,排列规则是使得左边的所有元素均为偶数并按由大到小的次序存放,右边的所有元素均为奇数并按由小到大的次序存放。在主函数中进行数据输入,并输出排列好的数列。

输入测试数据:17 15 10 14 16 17 19 18 13 12

程序运行结果:18 16 14 12 10 13 15 17 17 19

10.4 实训练习

(一) 选择题

1. 若已定义 char s[10];,则在下面表达式中不表示 s[1]地址的是______。
   A. s+1　　B. s++　　C. &s[0]+1　　D. &s[1]

2. 若有定义 int *p,m=5,n;,下列程序段正确的是______。
   A. p=&n;
      scanf("%d",&p);
   B. p=&n;
      scanf("%d", *p);
   C. scanf("%d",&n);
      *p=n;
   D. p=&n;
      *p=m;

3. 下列程序的输出结果是______。

```
#include <stdio.h>
int main( )
{
  char a[10]={9,8,7,6,5,4,3,2,1,0}, *p=a+5;
  printf("%d", *--p);
}
```

   A. 非法　　B. a[4]的地址　　C. 5　　D. 3

4. 以下程序的运行结果是______。

```
#include <stdio.h>
int main( )
{ int a[]={1,2,3,4,5,6,7,8,9,10,11,12};
  int *p=a+5, *q=a;
  *q= *(p+5)++;
  printf("%d  %d  \n", *p, *q);
}
```

   A. 运行后报错　　B. 6 11　　C. 6 12　　D. 5 5

5. 若有以下定义,则值为 4 的表达式是______。
   int a[]={1,2,3,4,5,6,7,8,9,10}, *p=a;
   A. p+=2, *(p++)　　B. p+=2,++p
   C. p+=3,p++　　D. p+=2,++ *p

6. 设有定义语句 int x[ ]={2,4,6,8,10}; int *p=&x[4];,则不能正确引用数组 x 的合法元素的表达式是______。
   A. *(p--)　　B. *(--p)　　C. *(p++)　　D. *(++p)

7. 下列选项是一个自定义函数的头部,其中正确的是______。
   A. int fun(int a[], * b)　　B. int fun(int a[],int a)
   C. int fun(int * a,int b[])　　D. int fun(char a[4][],int b)

8. 设有以下定义：int s[4][4],(*p)[4]; p=s;，则对 s 数组元素的合法引用是______。

A. *((s+1)+2)　　B. (*(p+1))[2]　　C. s[0][0]　　D. p[2]+3

9. 若有以下程序段：

```
int s[3][2], *ps[3],k;
for(k=0;k<3;k++)
  ps[k]=s[k];
```

则以下选项中能正确表示 s 数组元素地址的表达式是______。

A. &s[3][2]　　B. *ps[0]　　C. s[1]+1　　D. ps[2][0]

10. 若有已有定义：int arr[]={6,7,8,9,10}; int *ptr;，

则下列程序段的输出结果为______。

```
ptr=arr;
*(ptr+=2)+=2;
printf ("%d,%d\n", *ptr, *(ptr+2));
```

A. 8,10　　B. 9,10　　C. 10,10　　D. 6,10

11. 以下程序的输出结果是______。

```
#include <stdio.h>
int main()
{  int i,x[3][3]={9,8,7,6,5,4,3,2,1}, *p= *(x+1)+2;
   for(i=0; i<4; i+=2)  printf("%d ",p[i]);}
```

A. 5 2　　B. 4 2　　C. 3 2　　D. 9 7

12. 有 int a[4][3],b[3][4],(*prt)[3];(0<=j<3),则下列选项正确的赋值语句是______。

A. prt=a;　　B. prt=b;　　C. prt=b[j];　　D. prt=a[j];

13. 下列程序的输出结果是______。

```
#include <stdio.h>
main()
{
  int a[]={1,2,3,4,5,6,7,8,9,0}, *p;
  p=a;
  printf("%d\n", *p+9);
}
```

A. 0　　B. 1　　C. 10　　D. 9

14. 下列程序的输出结果是______。

```
#include <stdio.h>
int main()
{
  int a[]={1,2,3,4,5,6,7,8,9,10};
  int *p;
  for(p=a;p<a+10;p+=2)
```

```
    printf("%d ", *p);
}
```

A. 1 3 5 7 9　　B. 2 4 6 8 10
C. 1 2 3 4 5 6 7 8 9 10　　D. 1 2 3 4 5

15. 下列程序的输出结果是______。

```
#include <stdio.h>
int main()
{
  int a[]={1,2,3,4,5,6,7,8,9,10};
  int *p, *q,i;
  p=a;
  q=a+5;
  for(i=0;i<2;i++)
    printf("%3d%3d",p[i],q[i]);
}
```

A. 1 1 2 2　　B. 1 2 3 4　　C. 1 2 6 7　　D. 1 6 2 7

16. 下列程序的输出结果是______。

```
#include <stdio.h>
int main()
{
  int a[][3]={1,2,3,4,5,6,7,8,9};
  int *p,(*q)[3],i;
  p=&a[0][0];
  q=a;
  p++;
  printf("%d,%d", *p, *(*(q+1)+1));
}
```

A. 4,5　　B. 2,5　　C. 1,3　　D. 2,8

17. 下列程序运行后,输出的第2行结果是______。

```
#include <stdio.h>
int main()
{
  int a[4][4]={0,1,2,3,4,5,6,7,8,9,10,11,12,13,14,15};
  int (*p)[4]=a,i,j;
  for(i=0;i<4;i++)
  {
    for(j=0;j<=i;j++)
      printf("%3d",p[i][j]);
  printf("\n");
  }
}
```

A. 4　　B. 4 5　　C. 4 5 6　　D. 4 5 6 7

(二) 程序填空

1. 下面的程序功能是，将数组的数据逆序存放，例如，1，2，3，4，5，6，7，8，9，10，程序运行后数组的数据为10，9，8，7，6，5，4，3，2，1。

```
#include <stdio.h>
main()
{
  ____①____;
  int i,a[10], *p=a;
  for(;p<a+10;p++)
      ____②____;
    ____③____;
    inv(p,10);
    printf("The array has been reverted:\n");
    for(p=a;p<a+10;p++)
      printf("%d", *p);
}
void inv(int * x,int n)
{  int t, * i, * j, *p,m=n/2;
    i=x;  j=____④____;  p=____⑤____;
    for(;i<=p;i++,j--)
    {  t= * i;  * i= * j;  * j=t;}
}
```

2. 下面的程序是对二维数组中行下标为奇数的数据按升序排列，行下标为偶数的数据按降序排列，如

原数组：

12	5	18	21	8
31	45	9	12	24
2	41	37	49	15
26	10	118	57	62

排序后：

21	18	12	8	5
9	12	24	31	45
49	41	37	15	2
10	26	57	62	118

```
#include <stdio.h>
#define M 4
#define N 5
main()
{
  int a[M][N]={{12,5,18,21,8},{31,45,9,12,24},{2,41,37,49,15},{26,10,118,57,62}};
  int ( *p)[N];
  int i,j,k,t;
  for(i=0;i<M;i++)
  {
```

```
        ____⑥____;
        if (____⑦____)                  /*奇数行排序*/
        {
          for(j=0;j<M;j++)
            for(k=0;k<N-j-1;k++)
              if(____⑧____)
              {
                t=(*p)[k];
                (*p)[k]=(*p)[k+1];
                (*p)[k+1]=t;
              }
        }
        else                                     /*偶数行排序*/
        {
          for(j=0;j<M;j++)
            for(k=N-1;__⑨__;k--)
              if(__⑩__)
              {
                t=(*p)[k];
                (*p)[k]=(*p)[k-1];
                (*p)[k-1]=t;
              }
        }
      }
      for(i=0;i<M;i++)
      {
        for(j=0;j<N;j++)
          printf("%5d",a[i][j]);
        printf("\n");
      }
    }
```

3. 函数 fun 的功能是:把形参 a 所指数组中的奇数按原顺序依次存放到 a[0],a[1],a[2],……中,把偶数从数组中删除,奇数个数通过函数值返回。在主函数中输出删除后的数组。

程序运行结果:The original data:

```
        9    1    4    2    3    6    5    8    7
    The number of odd  : 5
    The odd number   :
        9    1    3    5    7
```

```
#include  <stdio.h>
#define  N  9
int fun(int a[],int n)
{  int i,j;
   j = 0;
   for (i=0; i<n; i++)
```

```
/ ********** found ********** /
        if ( *(a+i)%2== ___⑪___ )
        {
            *(a+j) = *(a+i);
/ ********** found ********** /
        ___⑫___ ;
        }
/ ********** found ********** /
        return ___⑬___ ;
}
void main( )
{ int b[N]={9,1,4,2,3,6,5,8,7},i,n;
  printf("\nThe original data :\n");
  for (i=0; i<N; i++)   printf("%4d", *(b+i));
  printf("\n");
/ ********** found ********** /
  n = fun( ___⑭___ ,N);
  printf("\nThe number of odd : %d\n",n);
  printf("\nThe odd number :\n");
  for (i=0; i<n; i++)   printf("%4d", *(b+i));
  printf("\n");
}
```

(三) 程序改错

1. 给定程序中函数 fun 的功能是,给一维数组 a 输入任意 4 个整数,并按下列的规律输出。如输入 1、2、3、4,程序运行后将输出如下方阵。

```
4   1   2   3
3   4   1   2
2   3   4   1
1   2   3   4
```

根据题目要求及程序中语句之间的逻辑关系对程序中的错误进行修改。

题中用“/ ****** found ****** /”来提示在下一行有错。

改错时,可以修改语句中的一部分内容,增加少量的变量说明或编译预处理命令,但不能增加其他语句,也不能删去整条语句。

如下含有错误的源程序:

```
#include <stdio.h>
#define   M   4
/ ************* found ************* /
void fun(int a)
{
  int i,j,k,m;
  printf("Enter 4 number :   ");
  for(i=0; i<M; i++)   scanf("%d",a+i);
  printf("\n\nThe result :\n\n");
```

```
    for(i=M;i>0;i--)
    {
        k= *(a+M-1);
        for(j=M-1;j>0;j--)
/ ************** found ************** /
            *(a+j)= *(a+j+1);
        * a=k;
        for(m=0; m<M; m++)
            printf("%d", *(a+m));
        printf("\n");
    }
}
void main( )
{
    int a[M];
    / ********** found ********** /
    fun(a[M]);
}
```

2. 数列中,第一项值为3,后一项都比前一项的值增5。给定程序中函数fun的功能是:计算前$n(4<n<50)$项的累加和;每累加一次把被4除后余2的当前累加值放入数组中,符合此条件的累加值的个数作为函数值返回主函数。

根据题目要求及程序中语句之间的逻辑关系对程序中的错误进行修改。

题中用"/ ****** found ****** /"来提示在下一行有错。

改错时,可以修改语句中的一部分内容,增加少量的变量说明或编译预处理命令,但不能增加其他语句,也不能删去整条语句。

输入测试数据:20

```
程序运行结果:   3    8    13    18    23
              28   33    38    43    48
              53   58    63    68    73
              78   83    88    93    98
              The result :
              42  126  366  570  1010
```

如下含有错误的源程序:

```
#include <stdio.h>
#define N 50
/ ************* found ************* /
void fun(int n,int *p,int * a)
{
    int i,j,k,sum,m=0;
/ ************* found ************* /
    sum=j==0;
    for(k=3,i=0;i<n;i++,k+=5)
    {
```

```
/ ************* found ************* /
    *(p+m)=k;
    sum=sum+k;
/ ************* found ************* /
    if(sum%4=2)
        *(a+j++)=sum;
  }
  return  j;
}
void main( )
{
  int a[N],aa[N],d,n,i;
  printf("\nEnter n (4<n<=50): ");
  scanf("%d",&n);
  d=fun(n,aa,a);
  for(i=0; i<n; i++)
  {
    if(i%5==0)   printf("\n");
    printf("%6d", *(aa+i));
  }
  printf("\n\nThe result :\n");
  for(i=0; i<d; i++)
    printf("%6d", *(a+i));
  printf("\n");
}
```

【微信扫码】

习题解答&相关源程序

实验 11　指针与字符串

11.1 实验要求

(1) 掌握指针法的字符串的赋值。
(2) 掌握指针法的字符串处理函数的应用。
(3) 掌握指针数组的定义、初始化及应用。
(4) 掌握指向指针型数据的指针变量的定义与引用。
(5) 编写程序的文件名均采用以 ex11_题号.c 的形式命名,如【11.1】程序文件名为 ex11_1.c。

11.2 实验指导

1. 字符串和指针

C 语言中由于没有字符串变量这一数据类型,因此在 C 语言中只能用字符数组和字符指针来实现对字符串的处理,而由于指针比数组的使用效率更高且灵活性更大,所以使用字符指针来处理字符串更为普遍。

如有定义:char *p;

p="C program";

字符串处理时只考虑字符串的首地址和字符串的结束标志。表达式 p="C program",并不是将字符串赋给指针变量 p,而是将字符串的首地址赋给指针变量 p,也可以说指针变量 p 指向了字符串的第一个字符"C",也可以对指针变量初始化。

即 char *p="C program";

【例 1】 不使用字符串处理函数 strcat,采用指针法实现两个字符串的连接。

```
#include <stdio.h>
void main( )
{
  char *p="intput and", *q="output", *pc;
  char str[79];
  pc=str;
  while( *p)                    /* 将 p 指向的字符串复制到字符数组 str */
     *pc++= *p++;
  while( *q!='\0')              /* 将 q 指向的字符串连接到字符数组 str */
```

```
    *pc++= *q++;
  *pc='\0';                          /* 字符串以\0 结尾 */
  printf("%s",str);
}
```

程序运行结果:intput and output

要点:

(1) 第一个 while 循环的循环条件表达式 *p 等价于 *p! = '\0'。

(2) 表达式 *pc++ = *p++的含义是,将指针变量 p 指向的字符赋给指针变量 pc 指向数组元素,之后对两个指针变量做"++",等价于下列语句:*pc= *p,pc++,p++;

(3) 两个循环完成的功能都是字符的复制,且'\0'没有复制,因此复制的新字符序列在末尾要加字符串的结束标志'\0'。

【例 2】 输入任意一串字符,字符若连续出现多次,则只保留一个字符,删除多余的字符(不考虑删除后句子含义的完整性),统计被删除的字符个数。

```
#include <stdio.h>
#include <string.h>
void main()
{
  int count_del;
  char st[79],str[79];
  char *p=st, *q=str;
  gets(p);
  while( *p!='\0')
  {  if( *p!= *(p+1))               /* 相邻字符比较,若不等条件为真 */
        *q++= *p;                    /* 字符赋值 */
     p++;
  }
  *q='\0';                           /* 在最后一个字符加字符串结束标志'\0' */
  count_del=strlen(st)-strlen(str);  /* 计算删除字符的个数 */
  puts(str);
  printf("Delete the number of characters:%d\n",count_del);
}
```

输入测试数据:Fooooorrrrr,exammmmple!!!!!!

程序运行结果:For,example!

Delete the number of characters:16

要点:

(1) 当输入的字符串为任意字符串,通常在数组定义时,数组长度的定义应为最大值,且在输入时输入的字符个数不得超过数组长度-1(要给'\0'留下一个位置)。

(2) 字符串的长度不是字符数组定义的长度,而是字符串的实际长度。

(3) 字符串处理的关键要点是字符串的首地址和字符串的结束标志'\0'。因此形成一个新字符串时,其尾部都要添加字符串结束标志'\0'。

(4) 本程序的算法:引入一个新的字符数组,将不相同的字符存入另一字符数组中。即 st 数组中存储原字符串,str 数组用来存放删除多余字符后的字符串。

(5) 采用在相同数组中完成比较和赋值实现多余字符的删除。

```
#include <stdio.h>
#include <string.h>
void main( )
{
  int count_del=0;
  char st[79], *p, *q;
  p=q=st;
  gets(p);
  while( *p!='\0')
  {
    if( *p== *(p+1))                /* 相邻字符比较,若不等条件为真 */
      count_del++;                  /* 统计删除字符的个数 */
    else
      *q++= *p;
    p++;
  }
  *q='\0';                          /* 在最后一个字符加字符串结束标志'\0' */
  puts(st);
  printf("Delete the number of characters:%d\n",count_del);
}
```

2. 指针数组

前面提到,用字符数组处理字符串时,一个字符串常采用一维数组,多个字符串常采用二维数组。若用指针处理字符串时,一个字符串采用简单的指针变量,多个字符串常采用指针数组或指向指针的指针变量等。

指针数组说明的一般格式:

类型说明符 *数组名[数组长度]

指针数组首先是一个数组,且每个数组元素都是一个指针。即指针数组的所有元素都必须是具有相同存储类型和指向相同数据类型的指针变量。

若有如下定义:int *p[3];
其中 p 是一个指针数组,具有三个数组元素 p[0],p[1],p[2],且每个元素都是指向一个整型变量的指针变量。

若有 5 个字符串,各字符串的长度不一样,即“C”“hello”“ok”“word”“welcome”。

用二维数组定义时,数组第一维的长度是字符串的个数,第二维的长度以这 5 个字符串中字符串最长的长度定义。即有如下定义:

char a[5][8]={"good","hello","am","word","welcome"};

当采用指针数组处理多字符串,只需考虑字符串的个数,不需要考虑每个字符串的长度。

即有如下定义:

char *p[5]={"good","hello","am","word","welcome"};

此时指针数组的每个数组元素 p[0],p[1],p[2],p[3],p[4]都是指针变量,且分别指向各字符串的首地址。5 个字符串在内存中的存储形式,如图 11.1 所示。

char *p[5];

p[0]→	g	o	o	d	\0			
p[1]→	h	e	l	l	o	\0		
p[2]→	a	m	\0					
p[3]→	w	o	r	d	\0			
p[4]→	w	e	l	c	o	m	e	\0

图 11.1 多字符串在内存中的存储形式

【例 3】 对任意 5 个字符串按从小到大的顺序进行排序。

```
#include <stdio.h>
#include <string.h>
#define N 5
void main( )
{
  char *p[5]={"good","hello","am","word","welcome"}, *pt;
  int i,j,k;
  printf("\n 排序前:\n");
  for(i=0;i<5;i++)                         /* 输出原 5 个字符串 */
    printf("%s",p[i]);
  for(i=0;i<4;i++)
  {
    k=i;
    for(j=i+1;j<5;j++)
      if(strcmp(p[i],p[j])>0)              /* 两个字符串比较 */
        k=j;                               /* 将最小字符串的位置赋给 k */
    if(k!=i)
    {
      pt=p[k];
      p[k]=p[i];
      p[i]=pt;
    }
  }
  printf("\n 排序结果:\n");
  for(i=0;i<5;i++)
    printf("%s",p[i] );
}
```

程序运行结果:排序前:

good hello am word welcome

排序结果:

am good hello welcome word

要点:

(1) 本程序采用指针数组对多字符串进行操作。使用指针数组对数组元素赋值时,除本程序使用的初始化方法外,还可用下列程序段赋值。

```
char str[5][30]={"good","hello","am","word","welcome"}, *p[5];
int i;
for(i=0;i<5;i++)
  p[i]=str[i];
```

(2) 采用指针数组实现交换时,只要交换地址值即可。

(3) 同样可以使用字符串输入输出函数(gets/puts)实现。

```
#include <stdio.h>
#include <string.h>
#define N 5
void main( )
{
  char str[5][30], *p[5], *pt;
  int i,j,k;
  for(i=0;i<5;i++)                    /* 对指针数组赋值 */
    p[i]=str[i];
  for(i=0;i<5;i++)                    /* 从键盘输入 5 个字符串 */
    gets(p[i]);
  for(i=0;i<4;i++)
  {
    k=i;
    for(j=i+1;j<5;j++)
      if(strcmp(p[i],p[j])>0)
        k=j;                          /* 将最小字符串的位置赋给 k */
    if(k!=i)
    {
      pt=p[k];
      p[k]=p[i];
      p[i]=pt;
    }
  }
  printf("\n 排序结果:\n");
  for(i=0;i<5;i++)
      puts(p[i]);                     /* 输出排序后的 5 个字符串 */
}
```

(4) 区分 int *p[3] 和 int (*p)[3],由于运算符“[ ]”比运算符“*”的优先级高,前者 p 先与[ ]结合,形成数组形式,再与*结合,定义为指针类型的数组形式。而运算符“()”与运算符“[ ]”的优先级为同级,满足左结合,且优先于运算符“*”,所以后者定义(*p)指针变量 p,该指针变量指向了长度为 3 的一维数组。

同理,多字符串也可定义为下列形式的指针变量来访问。

类型说明符 (*p)[常量表达式]

```
#include <stdio.h>
#include <string.h>
#define N 5
```

```
void main( )
{
  char str[N][10],( *p)[10],( *q)[10],( * r)[10], *pt;
  int i=0;
  for(p=str;p<str+N;p++)                          /* 输入 5 个字符串 */
  {
    printf("请输入第%d 个单词:",++i);
      scanf("%s", *p);
  }
  for(p=str;p<str+N-1;p++)
  {
      q=p;
    for(r=p+1;r<str+N;r++)
        if(strcmp( *q, * r)>0)
          q=r;                                    /* 将最小字符串的位置赋给 k */
    if(q!=p)
    {
        strcpy(pt, *p );
        strcpy( *p, *q);
        strcpy( *q,pt);
    }
  }
  printf("排序结果:\n");
  for(p=str;p<str+N;p++)
        printf("%s\n", *p);
}
```

3. 指向指针的指针变量(多级指针)

多级指针首先是一个指针类型变量,该变量所指的对象又是一个指针变量,因此被称为“指针的指针”。即当指针变量 pp 所指的变量 pi 又是一个指针时,pp 是一种指向指针的指针。

当一个指针变量指向一个简单变量时,该指针变量称为一级指针变量,当一个指针变量指向一个一级指针变量时,该指针变量称为二级指针变量,依次类推。

定义二级指针变量的一般格式:

类型说明符 ** 变量名

若已有定义,int **p;,则 p 前面有两个 * 号,而 ** 仅是一个标识符,并不是运算符,用来标识指针变量 p 是二级指针。

二级指针 p 引用时,*p 表示的仍然是地址,而 **p 才表示要处理的数据。

【例 4】 求字符串中的最大的字符串。

```
#include <stdio.h>
#include <string.h>
void main( )
{
  char *str[]={"BASIC","Wall","Great","FORTRAN"};
```

```
  char **p, * max;
  p=str;
  max= *p;                              /* 为 max 赋值 */
  for(p=str+1;p<str+4;p++)
  {
    if(strcmp(max, *p)<0)
      max= *p;
  }
  printf("the largest string %s\n",max);
  }
```

程序运行结果:the largest string Wall

要点:

(1) str 是一个指针数组,每一个数组元素是一个指针型数据,其值为每个字符串的首地址。当指针数组的长度省略时,以初始化的字符串的个数为准。

(2) p 是二级指针。指针数组名 str 是该指针数组的首地址,str+i 是 str[i]的地址,*str+i 就是指向指针型数据的指针(地址),因此 str 是一个二级指针,可以将 str 赋值给 p。当移动指针变量 p 时,按行移动,即依次指向下一个字符串的首地址。

(3) 指针变量 max 为一级指针,所以为其赋值时,应使用 *p。

4. 返回指针的函数

函数除了可以返回一个整型数据、实型数据、字符型数据外,还可以返回指针型数据,即地址。

返回指针型数据的函数,其一般格式:

```
函数返回值类型 * 函数名(形式参数表)
{
  ……
}
```

【例 5】 编写函数 char * fun (char *s,char *t),其功能是找出 s 所指字符串中,最后一次出现 t 所指子串的地址,其地址通过函数值返回,在主函数中输出从此地址开始的字符串;若未找到,则函数值为 NULL。

第一次运行程序

输入测试数据:abcdabfabcdx
ab

程序运行结果:abcdx

第二次运行程序

输入测试数据:abcdabfabcdx
abd

程序运行结果:Not found!

```
#include <stdio.h>
#include <string.h>
char * fun (char *s,char *t)             /* 定义指针子数 */
```

```
{
  char *p, * r, * a;
  a= NULL;                          /* 给指针变量赋初值 */
  while ( *s)
  {
    p= s;
    r= t;
    while ( * r)                    /* 查找是否存在子串 */
    {
      if ( * r!= *p)
        break;
      r++;
      p++;
    }
    if ( * r== '\0')
      a = s;
    s++;
    }
    return  a;                      /* 返回最后出现子串的地址 */
}
void main( )
{
  char s[100],t[100], *p;
  printf("\nPlease enter string S:");
  gets(s);
  printf("\nPlease enter substring t:");
  gets(s);
  p= fun(s,t);
  if (p)
    printf("\nThe result is :  %s\n",p);
  else
    printf("\nNot found!\n");
}
```

要点：

(1) 该函数名前有一个 * 号，说明该函数为指针函数，且返回一个指针值，即地址。

(2) NULL 是 C 语言预定义的一个值，它的值是 0，是唯一可以赋给指针变量的整型值，是一个空指针常量。程序中表达式 a=NULL，先给指针变量赋值为空指针，若没有找到与题意匹配的字符串，返回空指针。

(3) 指针函数中的 return 语句，返回一个与函数定义类型相一致的指针值。

11.3 实验内容

1. 夯实基础

【11.1】 用指针法编程实现,输入任意一个字符串,然后逆序输出。

输入测试数据:What does that mean?

程序运行结果:? naem taht seod tahW

【11.2】 用指针法编程实现,对五个单词按由小到大的顺序输出,要求以如下测试数据初始化。

测试数据:system computer network program design

程序运行结果:computer design network program system

【11.3】 用指针法编程实现,输入任意字符串,判断该字符串是否为"回文串"。所谓"回文串"是指是一个正读和倒读都一样的字符串,如"noon"就是回文串,"hello"不是回文串。

第一次程序运行

输入测试数据:noon

程序运行结果:noon: is Palindrome string!

第二次程序运行

输入测试数据:hello

程序运行结果:hello: is not a Palindrome string!

【11.4】 编写函数 int str_strcmp(char *p,char *q),函数的功能实现两个字符串的比较(不得使用字符串比较函数 strcmp)。比较规则,对两个字符串从左向右相对应字符逐一比较(ASCII 码)其大小,遇到不同字符或'\0'为止。若两个字符串完全相同时,返回 0 值,若有不同的字符时,返回两个字符的差值。主函数输入两个字符串,且根据返回值输出两个字符串的大小关系。

第一次程序运行

输入测试数据:abuse abandon

程序运行结果:abuse > abandon

第二次程序运行

输入测试数据:hello hello

程序运行结果:be equal to

第三次程序运行

输入测试数据:amount amour

程序运行结果:amount < amour

【11.5】 编写函数 void upfst (char *str),函数的功能是将 str 指向一行英文文本行,将其中每个单词的第一个字母改成大写(这里的“单词”是指由空格隔开的字符串)。英文文本行由主函数输入,并在主函数中输出此文本行。

输入测试数据:I am a student to take the examination.

程序运行结果:I Am A Student To Take The Examination.

2. 应用提高

【11.6】 假定输入的字符串中只包含字母和 * 符号,请编写函数 fun,它的功能是:使字符串的前导 * 符号不得多于 n 个,若多于 n 个,则删除多余的 * 符号;若少于或等于 n 个,则什么也不做,字符串中间和尾部的 * 符号不删除。在编写函数时,不得使用 C 语言提供的字符串函数。

注意:请勿改动主函数 main 中的任何内容,仅能在函数 fun 的花括号中填入编写的若干语句。

第一次程序运行

输入测试数据:******* A * BC * DEF * G ***
　　　　　　　4

程序运行结果:**** A * BC * DEF * G ***

第二次程序运行

输入测试数据:******* A * BC * DEF * G ***
　　　　　　　8

程序运行结果:******* A * BC * DEF * G ***

```
#include <stdio.h>
void fun(char *a,int n)
{


}
void main()
{
   char s[81];   int n;
    printf("Enter a string:\n");gets(s);
    printf("Enter n :   ");scanf("%d",&n);
    fun(s,n);
    printf("The string after deleted:\n");puts(s);
}
```

【11.7】 编写一个函数 fun,它的功能是:将一个数字字符串转换为一个整数(不得调用 C 语言提供的将字符串转换为整数的函数)。例如,输入字符串“-1234”,则函数把它转换为整数值-1234。

注意:请勿改动主函数 main 中的任何内容,仅能在函数 fun 的花括号中填入编写的若干语句。

输入测试数据:-1234

程序运行结果：-1234

```
#include <stdio.h>
#include <string.h>
long fun ( char *p)
{


}
void main( )
{
   char s[6];
   long   n;
   printf("Enter a string:\n");
   gets(s);
   n= fun(s);
   printf("%ld\n",n);
}
```

【11.8】 编写函数 count，函数的功能是统计一个由小写字母组成的字符串中所有字符出现的次数。

注意：请勿改动主函数 main 中的任何内容，仅能在函数 fun 的花括号中填入编写的若干语句。

输入测试数据：asdfsdfaacds

程序运行结果：a：3
c：1
d：3
f：2
s：3

```
#include <stdio.h>
void count ( char *str,int * n)
{


}
void main( )
{
   char str[100];
   int t[26]={0},i;
   printf("\nPlease enter string String :");
   scanf("%s",str);
   count(str,t);
   for(i=0;i<26;i++)
      if (t[i]!=0)
         printf("%c:%d\n",i+97,t[i]);
}
```

11.4 实训练习

(一) 选择题

1. 若有定义 char *s="\ta\017bc";则指针变量 s 指向的字符串所占的字节数是______。

A. 9　　B. 5　　C. 6　　D. 7

2. 下面程序段中,循环体的执行次数是______。

```
char *s="\ta\08bc";
for (; *s!='\0';s++) printf(" * ");
```

A. 2　　B. 5　　C. 6　　D. 7

3. 下列选项中不能正确进行字符串赋初值的语句是______。

A. char str[5]="good!";　　B. char *str="good!";

C. char str[]="good!";　　D. char str[5]={'g','o','o','d'};

4. 下面程序段的运行结果是______。

```
char *s="abcde";
s+=2;
printf("%c", *s);
```

A. cde　　B. c　　C. a　　D. abcde

5. 若有如下的程序段:char s[]="girl", *t;　t=s;则下列叙述正确的是______。

A. s 和 t 完全相同

B. 数组 s 中的内容和指针变量 t 中的内容相等

C. s 数组长度和 t 所指向的字符串长度相等

D. *t 与 s[0]相等

6. 下面程序段的运行结果是______。

```
#include <stdio.h>
int main( )
{
  chars[]="example!", *t;
    t=s;
    while( *t!='p')
    { printf("%c", *t-32);
      t++;}
}
```

A. EXAMPLE!　　B. example!　　C. EXAM　　D. example!

7. 下列选项正确的程序段是______。

A. char s[]="12345",t[]="6543d21"; strcpy(s,t);

B. char s[20], *t="12345"; strcat(s,t);

C. char s[20]=" ", *t="12345"; strcat(s,t);

D. char *s="12345", *t="54321"; strcat (s,t);

8. 以下程序的输出结果是______。

```
#include <stdio.h>
char cchar(char ch)
{
  if (ch>='A' && ch<='Z')   ch=ch-'A'+'a';
  return   ch;
}
main( )
{
  char s[]="ABC+abc=defDEF", *p=s;
  while( *p)
  {
     *p=cchar( *p);
    p++;
  }
  printf("%s\n",s);
}
```

A. abc+ABC=DEFdef　　B. abcaABCDEFdef

C. abc+abc=defdef　　D. abcabcdefdef

9. 有以下程序

```
#include <string.h>
#include <stdio.h>
main( )
{
  char *p="abcde\0fghjik\0";
  printf("%d\n",strlen(p));
}
```

程序运行后的输出结果是______。

A. 12　　B. 15　　C. 6　　D. 5

10. 有以下程序

```
void ss(char   *s,char   t)
{
  while ( *s)
  {   if ( *s==t)  *s=t-'a'+'A';
          s++;
  }
}
main( )
{
  char   str[100]="abcddfefdbd",c='d';
  ss(str,c);
```

```
  printf("%s\n",str1);
}
```

程序运行后的输出结果是______。

A. ABCDDEFEDBD　　B. abcDDfefDbD

C. abcAAfefAbA　　D. Abcddfefdbd

11. 若有定义 char *s,s1[20]; 下列正确的语句是______。

A. s="string";　B. s1="string";　C. *s="string";　D. s1=s

12. 下列选项中,能正确进行赋字符串操作的语句是______。

A. char　s[5]={"ABCDE"};　　B. char　s[6]={'A','B','C','D','E'};

C. char *s; *s="ABCDE";　　D. char *s; scanf("%s",s);

13. 下列程序段的输出结果______。

```
char s[20]="abcd", *sp=s;
sp++;
strcpy(sp,"ABCD");
puts(s);
```

A. aABCD　B. ABCD　C. bcdABCD　D. BCDabcd

14. 下列程序的输出结果是______。

```
#include <stdio.h>
strfun(char *s,char *t)
{
  while((*s)&&(*t)&&(*t==*s))
    t++,s++;
  return(*s-*t);
}
int main()
{
  char a[]="hello",b[]="he";
  int n;
  n=strfun(a,b);
  if(n > 0)
    printf("%s",b);
  else if(n<0)
    printf("%s",a);
}
```

A. hello　B. he　C. h　D. e

15. 下列程序的输出结果是______。

```
#include <stdio.h>
#include "string.h"
void fun(char *p,char *q)
{
  char t;
  t=*p;
  *p=*q;
  *q=t;
```

```
}
int main()
{
   char s1[]="1234",s2[]="789";
   fun(s1,s2);
   printf("%s,%s",s1,s2);
}
```

A. 4321,987　　B. 789,1234　　C. 1234,789　　D. 7234,189

(二) 程序填空

1. 函数 sstrcmp()的功能是对两个字符串进行比较。当 s 所指字符串与 t 所指字符串相等时，返回值为 0；当 s 所指字符串大于 t 所指字符串时，返回值大于 0；当 s 所指字符串小于 t 所指字符串时，返回值小于 0(功能等同于库函数 strcmp())。请填空。

```
#include <stdio.h>
int sstrcmp(char *s,char *t)
{
   while (*s && *t && *s==____①____)
   {
      s++;
      ____②____;
   }
   return ____③____;
}
```

2. 下面程序用来计算一个英文句子中最长单词的长度(字母个数)max。假设该英文句子中只含有字母和空格，在空格之间连续的字母串称为单词，句子以'.'为结束。请填空。

```
#include <stdio.h>
main()
{
   static char s[]={" you make me happy when days are grey."}, *t;
   int max=0,length=0;
   ____④____;
   while(____⑤____)
   {
      while (((*t<='Z')&&(*t>='A'))||((*t<='z')&&(*t>='a')))
      {
         length++;
         ____⑥____;
      }
      if (max<length) ____⑦____;
      ____⑧____;
      t++;
   }
   printf("max=%d",max);
}
```

3. 下面程序的功能是检查给定字符串 s 是否满足下列两个条件：

a) 字符串 s 中左括号“(”的个数与右括号“)”的个数相同；

b) 从字符串 s 的首字符起顺序查找右括号“)”的个数在任何时候均不超过所遇到的左括号“(”的个数；

若字符串同时满足上述两个条件，函数返回 1，否则返回 0。

```
#include <stdio.h>
main( )
{char c[80];
  int d;
  printf("Input a string:");
  gets(c);
  d=check(c);
  printf("%s",d?"Yes":"No");
}
check (char *s)
{int left=0,right=0;
  while ( *s!='\0')
  {if( *s=='(') left++;
    else if ( *s==')')
    {right++; if(__⑨__) return(0);}
      s++;
  }
return(__⑩__);
}
```

4. 给定程序中，函数 fun 的功能是：将形参 s 所指字符串中的数字字符转换成对应的数值，计算出这些数值的累加和作为函数值返回。

```
#include <stdio.h>
#include <string.h>
#include <ctype.h>
int fun(char *s)
{
  int sum=0;
  while( *s) {
  if( isdigit( *s) )
/ ********** found ********** /
      sum+= *s -____⑪____;
/ ********** found ********** /
      ____⑫____;
  }
/ ********** found ********** /
  return ____⑬____;
}
void main( )
{
  char  s[81];     int  n;
```

```
    printf("\nEnter a string:\n\n");
    gets(s);
    n=fun(s);
    printf("\nThe result is:  %d\n\n",n);
}
```

5. 给定程序中,函数 fun 的功能是:在形参 ss 所指字符串数组中,查找含有形参 substr 所指子串的所有字符串并输出,若没有找到则输出相应信息。ss 所指字符串数组中共有 N 个字符串,且字符串长小于 M。程序中库函数 strstr(s1,s2)的功能是在 s1 中查找 s2 子串,若没有,函数值为 0;若有,则为非 0。

```
#include <stdio.h>
#include <string.h>
#define N 5
#define M 15
void fun(char (*ss)[M],char *substr)
{
    int i,find=0;
/**********found**********/
    for(i=0; i< ____⑭____ ; i++)
/**********found**********/
        if(strstr(*(ss+i), ____⑮____ ) != NULL )
        {
            find=1;
            puts(*(ss+i));
            printf("\n");
        }
/**********found**********/
    if (find== ____⑯____ )
    printf("\nDon't found!\n");
}
void main()
{
    char x[N][M]={"BASIC","C language","Java","QBASIC","Access"},str[M];
    int i;
    printf("\nThe original string\n\n");
    for(i=0;i<N;i++)
        puts(x[i]);
    printf("\n");
    printf("\nEnter a string for search :  ");
    gets(str);
    fun(x,str);
}
```

(三) 程序改错

1. 函数 substitution 的功能是在 s 指向的字符串(简称 s 串)中查找 t 指向的子串(简称 t 串),并用 g 指向的字符串(简称 g 串)替换 s 串中所有的 t 串。

根据题目要求及程序中语句之间的逻辑关系对程序中的错误进行修改。

题中用“/ ****** found ****** /”来提示在下一行有错。

改错时，可以修改语句中的一部分内容，增加少量的变量说明或编译预处理命令，但不能增加其他语句，也不能删去整条语句。

测试数据：aaacdaaaaaaaefaaaghaa　（其中，t：aaa，g：22）

aaa

22

程序运行结果：22cd2222aef22ghaa

如下含有错误的源程序：

```
#include <stdio.h>
#include <string.h>
#include <conio.h>
void substitution(char s[],char t[],char g[]);
void main()
/ ********** found ********** /
{
  char s[80]=" aaacdaaaaaaaefaaaghaa",t[2]="aaa",g[]="22";
  puts(s);
  substitution(s,t,g);
  puts(s);
    getch();
}
/ ********** found ********** /
void substitution(char s[],t[],g[]);
{
  int i,j,k;
  char temp[80];
/ ********** found ********** /
  for(i=0;s[i]=='\0';i++)
   {
    for(j=i,k=0;s[j]==t[k]&&t[k]!='\0';j++,k++);
      if(t[k]=='\0')
      {
/ ********** found ********** /
        temp=s+j;
        strcpy(s+i,g);
        strcat(s,temp);
        i+=strlen(g)-1;
      }
    }
}
```

2. 给定程序中函数 fun 的功能是：从 N 个字符串中找出最长的那个串，并将其地址作为函数值返回。各字符串在主函数中输入，并放入一个字符数组中。

根据题目要求及程序中语句之间的逻辑关系对程序中的错误进行修改。

题中用“/ ****** found ****** /”来提示在下一行有错。

改错时，可以修改语句中的一部分内容，增加少量的变量说明或编译预处理命令，但不能增加其他语句，也不能删去整条语句。

如下含有错误的源程序：

```
#include <stdio.h>
#include <string.h>
#define N 5
#define M 81
/ ********** found ********** /
fun(char  (*sq)[M])
{
  int  i;
  char *sp;
  sp=sq[0];
  for(i=0;i<N;i++)
    if(strlen(sp)<strlen(sq[i]))
        sp=sq[i];
/ ********** found ********** /
  return  sq;
}
void main()
{
  char str[N][M], * longest;
  int i;
  printf("Enter %d lines:\n",N);
  for(i=0; i<N; i++)
        gets(str[i]);
  printf("\nThe N string:\n",N);
    for(i=0; i<N; i++)
  puts(str[i]);
  longest=fun(str);
  printf("\nThe longest string:\n");
  puts(longest);
}
```

【微信扫码】

习题解答&相关源程序

实验 12　结构体

12.1　实验要求

1. 掌握结构体类型定义的方法。
2. 掌握结构体变量的定义及使用,正确区别结构体类型和结构体变量。
3. 掌握结构体数组的定义及正确使用。
4. 了解结构体指针的定义及正确使用。
5. 了解链表的建立、删除、插入及输出。
6. 编写程序的文件名均采用以 ex12_题号.c 的形式命题,如【12.1】程序文件名为 ex12_1.c。

12.2　实验指导

1. 结构体类型

C 语言数据类型的构造类型中,数组是一种构造类型,但在实际生活中的许多实体都要求采用不同类型的数据共同来描述。如在学生登记表中,需要的数据为:学号、姓名、年龄、性别、成绩和电话等信息,这些数据是相关联的,但数据类型是不同的,即学号为整型或字符型、姓名为字符型、年龄为整型、性别为整型或字符型、成绩为整型或实型、电话为字符型等。采用数组无法解决此类问题,因此 C 语言提供了另一种构造类型——“结构(structure)体”。结构体是一组相关的不同数据类型的数据集合。

结构体类型的每个数据称为结构体成员。在使用之前必须“先定义,后使用”。

结构体类型定义的一般格式为:

```
struct 结构体类型名
{
   成员表列;
};
```

结构体是将不同类型的数据组合成一个有机的整体,若要存储如表 12.1 的学生登记表的信息,就可用 C 语言提供的结构体类型进行描述。

表 12.1 学生登记表

学号(num)	姓名(name)	年龄(age)	性别(sex)	成绩(score)	电话(tel)
31615010001	LiHua	19	M	90	13397003401
31615010002	WangPing	20	F	87	13297880026
31615010003	ZhangKai	19	M	88	15590824316
31615010004	WuXiao	20	F	98	14591204638
31615020001	HuYue	19	M	97	13294302618
31615020002	LinDaHai	20	M	89	16695082819

结构体类型的具体定义方法如下：

```
struct student          /*给出结构体类型的名字*/
{
  char num[12];
  char name[20];
  int age;
  char sex;
  float score;
  char tel[12];
};
```

定义结构体类型，其实就是先建立一个模型，也可说构造一个“空表”，没有任何数据，系统不分配实际的内存单元。构造的结构体类型的组织形式，如图 12.1 所示。

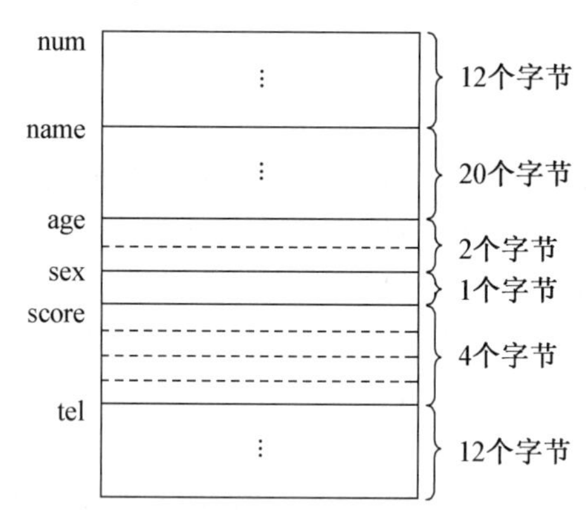

图 12.1 结构体 student 的组织形式

2. 结构体变量

所有数据类型的操作对象是该类型的变量，而不是类型本身。结构体类型变量(结构体变量)的定义与其他类型变量的定义是一样的。在定义结构体变量前，需先定义结构体类型。定义结构体变量可采用三种形式。

(1) 先定义结构体类型，再说明结构体变量。一般格式：

struct 结构类型名

```
{
  成员表列;
};
struct 结构名　变量名表列;
```

(2) 定义结构体类型的同时说明结构体变量。一般格式：

```
struct 结构体类型名
{
  成员表列;
}变量名表列;
```

(3) 直接说明结构体变量。一般格式：

```
struct                    /* 无结构体类型名 */
{
  成员表列;
}变量名表列;
```

在定义结构体变量后，就可以通过结构体变量对结构体成员进行引用。

其引用方式：

结构体变量.成员名

其中，"."为成员引用运算符。

【例 1】 按表 12.1 构造结构类型，定义一个结构体变量 a，用第一条记录的内容对结构体变量 a 初始化，并输出第一条记录的全部信息。

```
#include <stdio.h>
void main( )
{
  struct student
  {
    char num[12];
    char name[20];
    int age;
    char sex;
    float score;
    char tele[12];
  };
  struct student a={"31615010001","LiHua",19,'M',90,"13397003401"};
  printf("number\t\t name\t age\t sex\t score\t telephone\n");
  printf("%s\t%s\t%d\t%c\t%0.2f\t%s\n",a.num,a.name,a.age,a.sex,a.score,a.tele);
}
```

程序运行结果：

```
number        name     age    sex    score    telephone
31615010001   LiHua    19     M      90.00    13397003401
```

要点：

（1）结构体变量初始化，也就是在定义时指定初值。结构体变量定义有三种格式，所以给结构体变量初始化也可使用三种形式。

第一种定义格式：

```
struct student                /*给出结构体类型的名字*/
{
   char num[12];
   char name[20];
   int age;
   char sex;
   float score;
   char tele[12];
};
struct student a={"31615010001","LiHua",19,'M',90,"13397003401"};
```

这种定义格式的优点，是给出结构体类型的名字。在程序中定义结构体变量时，就很方便，没有必要和结构体类型定义出现在一起。

第二种定义格式：

```
struct student              /*给出结构体类型的名字*/
{
   char num[12];
   char name[20];
   int age;
   char sex;
   float score;
   char tele[12];
} a={"31615010001","LiHua",19,'M',90,"13397003401"};
```

这种定义格式，其实和第一种格式在本质上是一样的。而不同点就是在定义结构体的同时，定义了结构体变量并初始化，相对来说更简洁一些。如果还需要定义其他的结构体变量时，仍然可以像第一种定义格式一样，再次定义。如“struct student b”；用已经存在的结构体类型名 student 来定义结构体变量 b。

第三种定义格式：

```
struct                     /*没有给出结构体类型的名字*/
{
   char num[12];
   char name[20];
   int age;
   char sex;
   float score;
   char tele[12];
} a={"31615010001","LiHua",19,'M',90,"13397003401"};
```

这种格式最为特别，它没有给出结构体类型名，而结构体变量定义及初始化，必须在定义结构体类型时进行。这种格式的缺点是没有结构体类型名，若在其他位置对另一结构体变量定义时则无法实现。若仅仅需要定义很少的结构体变量,这种定义格式则是比较简洁的。

(2) 结构体变量 a 不能进行整体的输入和输出,只能对结构体变量中的各个成员分别进行输入和输出。如 a.num,a.sex,a.tele 都是正确的引用格式。若结构体变量的成员又是一个结构体变量,那就层层引用,直到引用最低一级的成员。如下列定义:

```
struct   student
{
  int num;
  char name[20];
  struct date
  {
  int month;
  int day;
  int year;
  } birthday;                    /* 成员 birthday 类型为结构体类型 */
}stu1,stu2;
```

若要引用结构体变量 stu1 出生的月份成员时,引用方式 stu1.birthday.month;若要引用结构体变量 stu2 出生的年份成员时,引用方式为 stu2.birthday.year。

(3) 结构体变量与其他变量一样,同样可以采用赋值的方法或 scanf()函数的方法给各成员提供数据。

```
#include <stdio.h>
#include <string.h>
void main( )
{
  struct student
  {
    char num[12];
    char name[20];
    int age;
    char sex;
    float score;
    char tele[12];
  };
  struct student a;
  scanf("%s",a.num);                    /* 输入学号 */
  strcpy(a.name,"LiHua");
  a.age=19;
  a.sex='M';
  a.score=90;
  strcpy(a.tele,"13397003401");
  printf("number\t\t name\t age\t sex\t score\t telephone\n");
  printf("%s\t%s\t%d\t%c\t%0.2f\t%s\n",a.num,a.name,a.age,a.sex,a.score,a.tele);
}
```

输入测试数据:31615010001

程序运行结果：

```
number        name    age   sex   score   telephone
31615010001   LiHua   19    M     90.00   13397003401
```

3. 结构体数组

若将表 12.1 中所有的记录都存储，显然一个结构体变量是不够的，这就需要一组结构体变量，这时可采用结构体数组。结构体数组是结构与数组的结合，每个数组元素都是一个结构体类型的数据，定义形式仍可采用三种形式实现。同样结构体数组也可以进行初始化和赋值操作。

结构体数组元素成员引用的一般格式：

结构体数组名[下标].成员变量名

【例 2】 输出学生登记表（表 12.1）中成绩最高的学生的全部信息。

```
#include <stdio.h>
#define N 6
void main()
{
  struct student
  {
    char num[13];
    char name[20];
    int age;
    char sex;
    float score;
    char tele[12];
  };
  struct student a[N];
  int i,j;
  float max=0;
  printf("input student:number name age sex score telephone\n");
  for(i=0;i<N;i++)
  {
    scanf("%s%s%d%c%f",a[i].num,a[i].name,&a[i].age,&a[i].sex,&a[i].score);
    getchar();
    gets(a[i].tele);
  }
    for(i=0;i<N;i++)
    if(max<a[i].score)
    {
      max=a[i].score;
      j=i;
    }
  printf("number\t\t name\t age\t sex\t score\t telephone\n");
printf("%s\t%s\t%d\t%c\t%0.2f\t%s\n",a[j].num,a[j].name,a[j].age,a[j].sex,a[j].
score,a[j].tele);
}
```

输入测试数据:31615010001　LiHua　19 M 90　13397003401
31615010002　WangPing 20 F 87　13297880026
31615010003　ZhangKai 19 M 88　15590824316
31615010004　WuXiao　20 F 98　14591204638
31615020001　HuYue　19 M 97　13294302618
31615020002　LinDaHai 20 M 89　16695082819

程序运行结果:number　name　age　sex　score　telephone
31615010004　WuXiao　20　F　98.00　14591204638

【例 3】 输入 5 位学生的 3 门课程的成绩,统计每位学生的不及格的课程数。每位学生包含的信息有学号,姓名,3 门课程。

```
#include <stdio.h>
#include <string.h>
#define N 5
struct student
{
  char num[13];
  char name[20];
  int score[3];
  int fail;
};
void main( )
{
    struct student a[N];
    int i,j,n;
    printf("input %d student:number name score\n",N);
    for(i=0;i<N;i++)
    {
      scanf("%s%s",a[i].num,a[i].name);
      for(j=0;j<3;j++)
        scanf("%d",&a[i].score[j]);
    }
    for(i=0;i<N;i++)
      { n=0;
        for(j=0;j<3;j++)
          if(a[i].score[j]<60)
            n++;
          a[i].fail=n;
        }
    printf("number\t\t name\tcourse1\tcourse2\tcourse3\t fail\n");
    for(i=0;i<N;i++)
    {
      printf("%s%10s",a[i].num,a[i].name);
      for(j=0;j<3;j++)
        printf("%8d",a[i].score[j]);
      printf("%8d",a[i].fail);
      printf("\n");
```

```
    }
}
```

输入测试数据:31615010001 LiHua 65 78 54
31615010002 WangPing 54 78 90
31615010003 ZhangKai 77 65 89
31615010004 WuXiao 54 43 56
31615020001 HuYue 65 87 85

程序运行结果:

number	name	course1	course2	course3	fail
31615010001	LiHua	65	78	54	1
31615010002	WangPing	54	78	90	1
31615010003	ZhangKai	77	65	89	0
31615010004	WuXiao	54	43	56	3
31615020001	HuYue	65	87	85	0

4. 结构体指针

定义一个指针变量指向结构体变量,则称该指针变量为结构体指针变量,并可以通过指针来引用结构体变量的成员。结构体指针变量定义与结构体变量定义相同,可采用三种形式。

结构体指针变量引用成员通常有两种格式:

(1) (*结构体指针名).成员名

(2) 结构体指针名->成员名

【例 4】 某班 6 名学生参加了 C 语言程序设计课程的考试,每位学生信息包含有学号,姓名,成绩。输出该课程的平均成绩,并将成绩按由高到低的顺序输出学生名单。

```
#include <stdio.h>
#include <string.h>
#define N 6
struct student
{
  char num[13];
  char name[20];
  int score;
};
void main()
{
    struct student a[N],b, *p, *q;
    int i;
    printf("input %d student:number name score\n",N);
    for(p=a;p<a+N;p++)
      scanf("%s%s%d",p->num,p->name,&p->score);
    for(p=a;p<a+N-1;p++)                 /*实现排序*/
      for(q=p+1;q<a+N;q++)
        if(p->score<q->score)            /*比较每个学生的成绩,按成绩排序*/
          {
```

```
            b= *p;                          /* 交换时实现整条记录的交换 */
            *p= *q;
            *q=b;
        }
    printf("number\t\tname\t\tC course\n");
    for(i=0;i<N;i++)
      printf("%-16s%-16s%d\n",a[i].num,a[i].name,a[i].score);
}
```

输入测试数据：31615020001　LiHua　65
31615020002　WangPing 54
31615020003　ZhangKai 88
31615020004　WuXiao　82
31615020005　HuYue　94
31615020006　LinDaHai 70

程序运行结果：number　name　C course
31615020005　HuYue　94
31615020003　ZhangKai　88
31615020004　WuXiao　82
31615020006　LinDaHai　70
31615020001　LiHua　65
31615020002　WangPing　54

要点：

(1) 算法使用的是冒泡排序。

(2) 排序实现交换时，并不是成绩的交换，而是一条记录的交换，所以交换变量应定义为结构体变量。

5. 链表的建立

链表是一种常用且重要的数据结构，能够动态地进行存储分配的一种结构，因而较静态存储分配的数组，具有更好的可适应性和存储利用率。

链表是由多个节点建立起来的，每个节点之间可以不连续，节点之间的联系用指针实现。因此每个节点除了存放数据的数据域外，还有一个专门存放相邻元素地址的地址域。

结构体类型定义的一般格式：

```
struct 结构体类型名
{
  成员表列;                              /* 存放数据 */
  struct 结构体类型名 *变量名;           /* 存放相邻元素的地址 */
};
```

结构体类型定义时，成员表列为存放每个节点的数据，也称为数据域；另一个成员项为指向结构体类型的指针变量，该变量的作用是用来存放下一节点的首地址，常把它称为指针域。

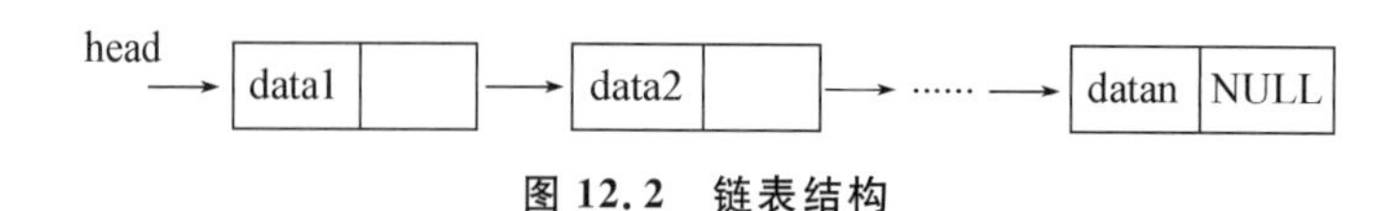

图 12.2 链表结构

如图 12.2 所示，在第一个节点的指针域内存入第二个节点的首地址，在第二个节点的指针域内又存入第三个节点的首地址，依次串联，直到最后一个节点，最后一个节点无后续节点连接，其指针域赋为 NULL 或 0，这种连接方式，在数据结构中称为“链表”。

构成链表通常需要有 3 个指针：

(1) 头指针变量，指向链表的第一个元素即首节点。

(2) 链指针变量，指向下一个节点，用该指针来连接节点。

(3) 尾指针变量，在最后一个节点的地址域存放一个特殊值 NULL 或 0，作为链表结束的标志。

如何创建一个单向链表？链表的创建需要考虑下面的问题：

(1) 首先根据具体的问题，来定义包含数据域与指针域的链表结构。若建立一个班级学生电话通讯录的链表。数据域包含学生姓名、QQ 号和电话号码。

定义学生信息结构体类型为：

```
struct address_list
{
   char name[20],QQ[11],Tel[12];           /* 数据域 */
   struct address_list * next;             /* 指针域 */
};
```

(2) 定义三个结构指针变量：头指针 head、链指针 p1 和尾指针 p2。

struct address_list *head, *p1, * p2;

(3) 使用 malloc()函数申请分配一个存储空间，用来存放新节点。malloc()函数需要的头文件是 stdlib.h。通常情况下，结构体指针变量指向该存储空间。

p1=p2=(struct address_list *)malloc(sizeof(struct address_list))

(4) 根据题意，输入数据创建链表。

(5) 当创建链结束时，将尾指针置空 NULL，p2→next=NULL。

当链表创建完成后，需要输出链表中的数据。链表输出可以通过链表的头指针，若头指针为空，则为空链。若不为空时，从链表的第一个元素开始逐个输出每个节点的数据值，直至链表的最后一个节点。

【例 5】 建立一个班级学生通讯录。学生信息包含姓名、QQ 号和电话号码，当输入学生的姓名为 0 时结束输入，并输出学生通讯录。

```
#include <stdio.h>
#include <stdlib.h>
#include <string.h>
struct address_list
{
   char name[20],QQ[11],Tel[12];
   struct address_list * next;
};
```

```
struct address_list * creat()              /* 定义指针函数,该函数返回链表的头指针 */
{
  struct address_list * head, *p1, *p2;
  int n=0;                              /* 变量n统计创建链表节点的个数 */
  p1=p2=(struct address_list *)malloc(sizeof(struct address_list));
  printf("input name QQ Tel:(0 0 0 end)\n");
    scanf ("%s%s%s",p1->name,p1->QQ,p1->Tel);
  head=NULL;                            /* 头指针赋初值 */
  while(strcmp(p1->name,"0"))  /* 当输入字符0时结束输入 */
{
  n++;
  if(n==1) head=p1;            /* 将第1个学生作为链首 */
  else
  {
    p2->next=p1;               /* 链接下一个节点 */
    p2=p1;
  }
  p1=(struct address_list *)malloc(sizeof(struct address_list));     /* 为新节点申请
存储空间 */
  printf("input name QQ Tel:(0 0 0 end)\n");
  scanf ("%s%s%s",p1->name,p1->QQ,p1->Tel);
  }
  p2->next=NULL;                        /* 给最后一个节点的地址域置空 */
  return head;                          /* 返回头指针 */
}
void print (struct address_list * head)    /* 定义链表输出函数 */
{
  struct address_list *p;
  p=head;
  if(head!=NULL)                        /* 头节点不为空 */
  printf("name\t\tQQ\t\tTel\n");
  do{
    printf ("%s\t\t%s\t\t%s\n",p->name,p->QQ,p->Tel);
    p=p->next;                            /* 指针后移 */
  }while(p!=NULL);                        /* 该指针不是尾节点时,继续输出 */
}
void main()
{
    struct address_list * head;
    head=creat();               /* 调用创建链表函数 */
    print(head);                /* 调用输出链表函数 */
}
```

输入测试数据:LiHua 3214567 13212311111

WanYing 5876664 16676547656

ChangKa 8233458 15565451234

WuCai 6543382 19987641234

程序运行结果:

name	QQ	Tel
LiHua	3214567	13212311111
WanYing	5876664	16676547656
ChangKa	8233458	15565451234
WuCai	6543382	19987641234

6. 链表的删除

链表的删除是指删除链表中的指定节点。

删除指定节点操作需分两步实现:

(1) 先查找要删除节点的位置。

(2) 删除找到的节点。删除链表的节点时,删除节点位置不同则删除的方法不同。通常情况可考虑两种位置关系,即头节点和非头节点。

如图 12.3 所示,删除头节点。则被删除节点是第一个节点时,只需移动头指针,使 head 指向第二个节点,即 head=p1→next。

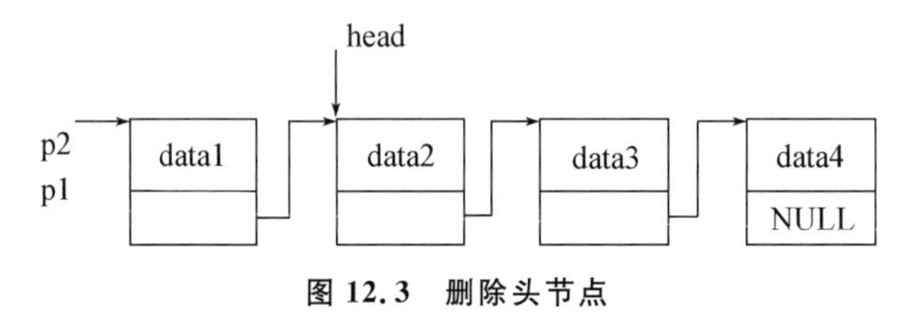

图 12.3 删除头节点

如图 12.4 所示,删除非头节点。被删除节点是中间的节点或尾节点,使被删除节点的前一节点的指针域存放被删除节点的后一节点的地址值。即 p2→next=p1→next。

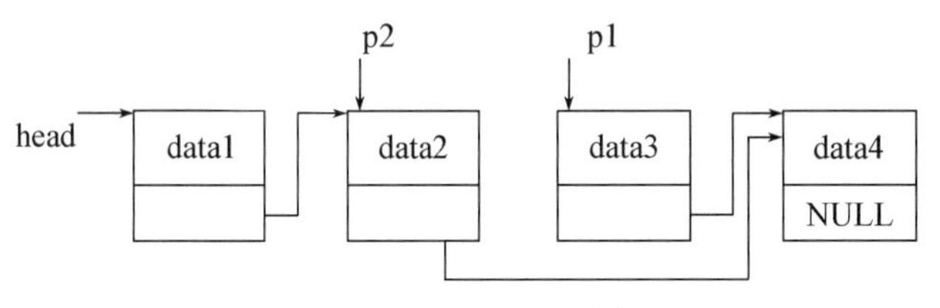

图 12.4 删除非头节点

在学生通讯录链表中删除指定学生的函数代码:

```
struct address_list * delete(struct  address_list * head,char na[20])
{
  struct address_list *p1, *p2;
if(head==NULL) return head;              /* 如为空表,返回调用函数 */
p1=head;
while(strcmp(p1->name,na)!=0&&p1->next!=NULL)   /* 查找要删除节点的位置 */
{
    p2=p1;
  p1=p2->next;
  }
if(p1==head) head=p1->next;       /* 若是头节点,头节点指向第二节点 */
```

```
else
        p2->next=p1->next;        /* 删除非头节点 */
free(p1);                         /* 释放 p1 节点的内存空间 */
return head;
}
```

7. 链表的插入

链表的插入是指在已有的链表中插入一个新节点。

插入操作需要分两步实现：

(1) 先查找要插入节点的位置；

(2) 插入一个新节点。插入新节点时，插入节点位置不同而插入的方法不同。假若 p 指向待插入的节点。

如图 12.5 所示，新节点插入到链表的首位。需移动头指针，并将原链表的头节点存放于插入节点的指针域中，即 head=p; p→next=p1。

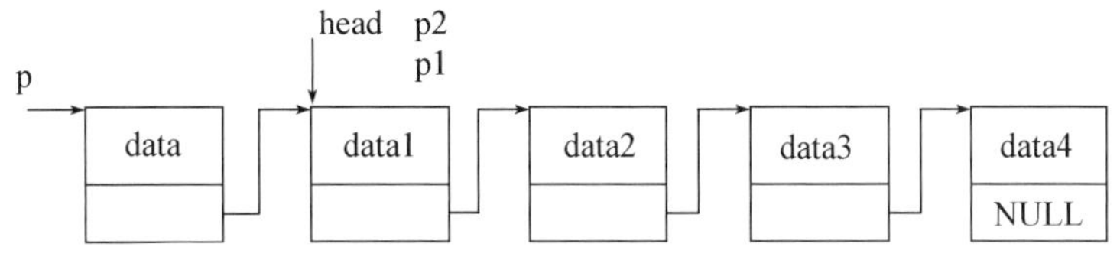

图 12.5　插入在首位，作为头节点

如图 12.6 所示，新节点若插入在链表的任两个节点之间时，将新节点的地址值赋给前节点的指针域，将后节点的地址值赋给新节点的指针域，即 p2→next=p;p→next=p1。

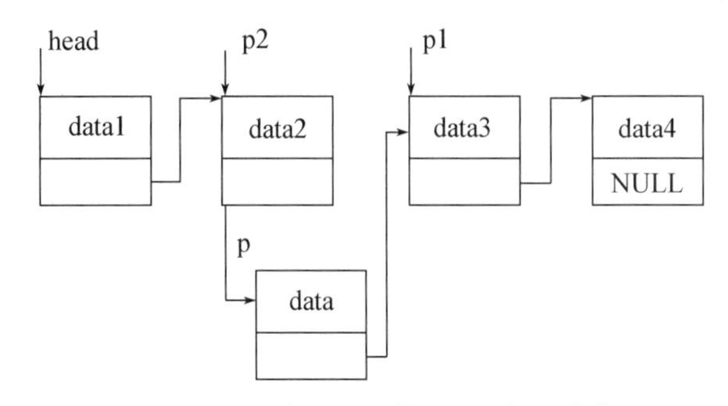

图 12.6　除在头和尾的位置处插入节点

如图 12.7 所示，插入的新节点在链表的尾部时，只需修改原链表中最后节点的指针域，将新节点的地址值赋给链表最后一个节点的指针域，将新节点的指针域赋空值，即 p1→next=p;p→next=NULL。

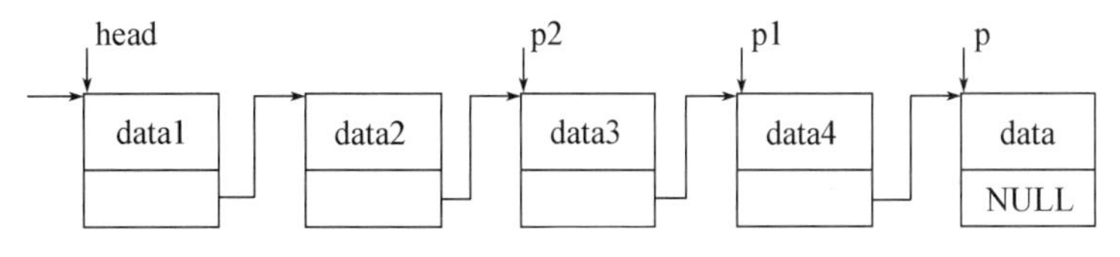

图 12.7　插入在尾节点

假若学生通讯录链表电话号码已按由大到小的顺序排序，现插入一名学生记录，插入学生记录和函数代码：

```
struct student *insert(struct student *head,struct student *p)
{
  struct student *p1, *p2;
  p1=p2=head;
if(head==NULL)            /*若链表为空，则将插入节点作为链的第一个节点*/
{
    head=p;
    p->next=NULL;           /*第一个节点的指针域赋空值*/
  }
else
  {
    while(strcmp(p1->Tel,p->Tel)>0&&p1->next!=NULL)      /*查找插入的位置*/
    {
      p2=p1;                          /*指针移动*/
      p1=p2->next;
    }
    if(strcmp(p1->Tel,p->Tel)<0)           /*在链中找到插入的位置*/
      if(p1==head)                  /*插入在首位*/
      {
      p->next=head;
      head=p;
      }
      else                        /*插入到除头和尾以外任意位置*/
      {
      p->next=p1;
      p2->next=p;
      }
  else                         /*在链中没找到插入位置，插入在链尾*/
{
  p1->next=p;
  p->next=NULL;
  }
}
  return head;
}
```

12.3 实验内容

1. 夯实基础

【12.1】 编程实现，某班有5名学生，学生信息包含学号、姓名，高等数学、大学物理和程序设计，现输入所有学生的信息，并在屏幕上输出。

输入测试数据：20001 LiHua   65   67   89

20002 WanPin　54　65　87
20003 ZhaKai　88　87　67
20004 WuXiao　82　78　56
20005 HuYue　94　56　87

程序运行结果:number　name　Math　Phy　Pro
20001　LiHua　65　67　89
20002　WanPin　54　65　87
20003　ZhaKai　88　87　67
20004　WuXiao　82　78　56
20005　HuYue　94　56　87

【12.2】 编程实现,统计候选人选票。现每班推选 1 名学生为校优秀学生,在班中先产生 3 名学生作为候选人,投票选举 1 名优秀学生,假使班级人数共有 10 人。根据投票结果,按照得票数从高到低的次序,输出三位学生的得票信息。

输入测试数据:zhang　li　wu　wu　wu　li　zhang　wu　li　wu

程序运行结果:name　poll
wu　5
li　3
zhang　2

【12.3】 编程实现,已知学生的记录由学号(由小于四位数的整数表示)和程序设计课程的成绩组成,现输入 n 个学生的学号和成绩。找出成绩最低的学生记录(假定最低成绩的记录是唯一的)。

输入测试数据:1001　67　1002　78　1003　76　1004　98　1005　34　1006　56

程序运行结果:number　lowest score
1005　34

【12.4】 编程实现,使用结构体数组 std 存储若干人员的编号和出生年、月、日。函数 fun 的功能是,找出指定编号人员的数据;若找到返回 1,否则返回 0。

由主函数输入人员的信息。若找到则输出该人员的所有信息,否则输出该人员不存在。

【12.5】 编程实现,使用结构体数组 stu,存储学生的学号与性别。函数 stu_find 的功能是,将所有男生存入结构体数组 man_stu 中,函数值返回满足条件的人数。主函数输入 5 位学生的信息,并输出所有男生的信息及其人数。

2. 应用与提高

【12.6】 编写程序,构造由学号和成绩组成的结构体类型,N 名学生的数据,函数 fun 的功能:把指定成绩范围内的学生数据放在结构体数组中,分数范围内的学生人数由函数值返回。

由主函数初始化10位学生的学号与成绩，并输入指定成绩的范围，如输入60，90，则输出该成绩范围内的人数及学生信息。

12.4 实训练习

(一) 选择题

1. 以下程序的输出结果是______。

```
#include <stdio.h>
struct stu
{   int num;
    char name[10];
    int age;
};
void fun(struct stu *p)
{   printf("%s\n",(*p).name);}
    int main()
{
    struct stu students[3]=
        {{2301,"zhang",20},{2302,"Wang",19},{2303,"zhao",18}};
    fun(students+1);}
```

A. Zhang　　B. Zhao　　C. Wang　　D. 18

2. 设有如下定义：

```
struct sk
{ int a;
  float b;
} data, *p;
```

若有 p=&data;则对 data 中的 a 域的正确引用是______。

A. (*p).data.a　　B. (*p).a　　C. p->data.a　　D. p.data.a

3. 若已建立下面的链表结构，指针 p，s 分别指向图中所示的节点，则不能将 s 所指的节点插入到链表末尾的语句组是______。

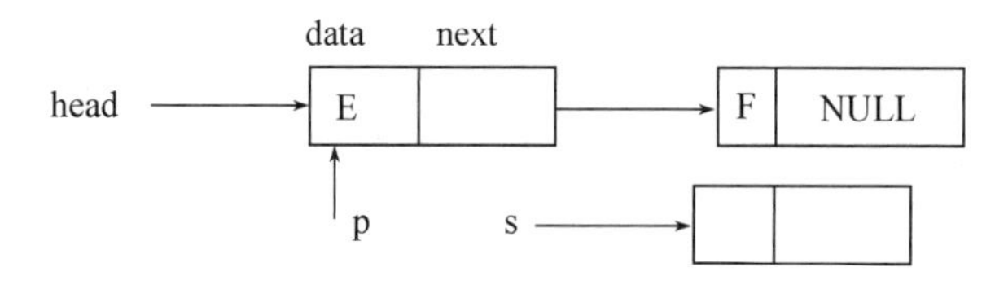

A. s→next=NULL;p=p→next;p→next=s;

B. p=p→next;s→next=p→next;p→next=s;

C. p=p→next;s→next=p;p→next=s;

D. p=(*p).next;(*s).next=(*p).next;(*p).next=s;

4. 根据下面的定义,能输出字母 M 的语句是______。

```
struct person
{char name[9];
  int age;
}
struct person class[10]={"John",17,"Paul",19,"Mary",18,
                          "Adam",16};
```

A. printf("%c\n",class[3].name);
B. printf("%c\n",class[3].name[1]);
C. printf("%c\n",class[2].name[1]);
D. printf("%c\n",class[2].name[0]);

5. 下列程序的执行结果为______。

```
struct s1
{char *s;
  int i;
  struct s1 *sip;
}
int main()
{ static struct s1 a[]={{"abcd",1,a+1},{"efgh",2,a+2},{"ijkl",3,a}};
  struct s1 *p=a;int i=0;
  printf("%s%s%s",a[0].s,p->s,a[2].sip->s);
  printf("%d%d",i+2,--a[i].i);
}
```

A. abcdabcdabcd20　　B. abcdefghijkl20
C. abcdabcdijkl20　　D. abcdabcdabcd21

6. 下面程序的输出结果为____。

```
struct st
{ int x;
  int * y;
} *p;
int dt[4]={10,20,30,40};
struct st aa[4]={50,&dt[0],60,&dt[1],70,&dt[2],80,&dt[3]};
int main()
{p=aa;
  printf("%d\n",++p->x);
  printf("%d\n",(++p)->x);
  printf("%d\n",++(*p->y));
}
```

A. 10 20 20　　B. 50 60 21　　C. 51 60 21　　D. 60 70 31

7. 若有以下语句：

```
struct st
{int n;
struct st * next;};
```

```
static struct st a[3]={5,&a[1],7,&a[2],9,'\0'}, *p;
p=&a[0];
```

则表达式______的值是6。

A. p++->n　　B. p->n++　　C. (*p).n++　　D. ++p->n

8. 下面程序的输出是______。

```
#include <stdio.h>
int main()
{
  struct cmplx
  {int x; int y;}
  cnum[2]={1,3,2,7};
  printf("%d\n",cnum[0].y/cnum[0].x * cnum[1].x);
}
```

A. 0　　B. 1　　C. 3　　D. 6

9. 若有以下程序段：

```
struct SD
{int x;
  int * r;
  };
int a=1,b=2,c=3;
struct SD s[3]={{1001,&a},{1002,&b},{1003,&c}};
int main()
{struct SD *p;
  p=s;
  ... ...}
```

则以下表达式中值为1的是______。

A. *(++p)->r　　B. *(p++)->r

C. (*p).r　　D. (p++)->r

10. 若有以下程序段：

```
struct ks
{int a;int * b;}
int main()
{struct ks s[4], *p;int n=1,i;
for(i=0;i<4;i++)
{s[i].a=n;
  s[i].b=&s[i].a;
  n=n+2;
}
p=&s[0];
printf("%d,%d\n",++(*p->b), *(s+2)->b);
}
```

程序的运行结果是______。

A. 2,5　　B. 3,5　　C. 4,5　　D. 5,5

(二) 程序填空

1. 以下函数 creatlist 用来建立一带头节点的单链表,链表的结构如下图所示,新的节点总是插入在链表的末尾。链表的头指针作为函数值返回。链表最后一个节点的 next 域放入 NULL,作为链表结束的标志。data 为字符型数据域,next 为指针域。读入时字符以 # 表示输入结束(# 不存入链表)。请填空。

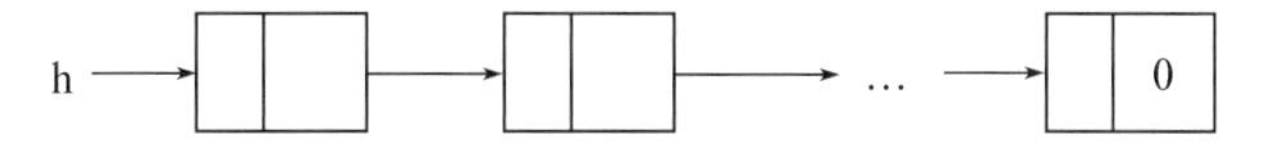


```
struct node
{char data;
  struct node * next;
};
… …
____①____creatlist(void)
{struct node * h, *s, * r;
  char ch;
  h=(struct node * )malloc(sizeof(struct node));
  r=h;
  ch=getchar();
  while(____②____)
  {s=(struct node * )malloc(sizeof(struct node));
    s->data=____③____;
    r->next=s;
    r=s;
    ch=getchar();
  }
  r->next=____④____;
  ____⑤____;
}
```

2. 程序通过定义并赋初值的方式,利用结构体变量存储了一名学生的信息。函数 fun 的功能是输出这位学生的信息。请填空。

```
#include <stdio.h>
typedef  struct
{ int  num;
  char  name[9];
  char  sex;
  struct{int  year,month,day;} birthday;
  float  score[3];
}STU;
void show(STU  ____⑥____)
```

```
{ int  i;
  printf("\n%d %s %c %d-%d-%d",tt.num,____⑦____,tt.sex,
      tt.birthday.year,tt.birthday.month,____⑧____);
  for(i=0; i<3; i++)
    printf("%5.1f",____⑨____);
  printf("\n");
}
int main()
{ STU  std={1,"Zhanghua",'M',1961,10,8,76.5,78.0,82.0};
  printf("\nA student data:\n");
  ____⑩____;
}
```

3. 给定程序通过定义并赋初值的方式，利用结构体变量存储一名学生的学号、姓名和三门课的成绩。函数 fun 的功能是将该学生的各科成绩都乘以一个系数 a。

```
#include <stdio.h>
typedef  struct
{
  int num;
  char name[9];
  float score[3];
}STU;
void print(STU tt)
{
  int i;
  printf("%d%s:  ",tt.num,tt.name);
  for(i=0; i<3; i++)
    printf("%5.1f",tt.score[i]);
  printf("\n");
}
/ ********** found ********** /
void change(____⑪____ *ss,float  a)
{
  int i;
  for(i=0; i<3; i++)
/ ********** found ********** /
        ss->____⑫____ * =a;
}
void main()
{
  STU  std={1,"Zhanghua",76.5,78.0,82.0};
  float  a;
  printf("\nThe original number and name and scores:\n");
  print(std);
  printf("\nInput a number:  ");
  scanf("%f",&a);
/ ********** found ********** /
```

```
    change(____⑬____,a);
    printf("\nA result of modifying:\n");
    print(std);
}
```

4. 给定程序中，函数 fun 的功能是：将形参 std 所指结构体数组中年龄最大者的数据作为函数值返回，并在 main 函数中输出。

```
#include <stdio.h>
typedef  struct
{
    char  name[10];
    int  age;
}STD;
STD fun(STD  std[],int  n)
{
____⑭____
}
void main()
{
    STD  std[5]={"aaa",17,"bbb",16,"ccc",18,"ddd",17,"eee",15};
    STD  max;
    max=fun(std,5);
    printf("\nThe result: \n");
    printf("\nName: %s Age:%d\n",max.name,max.age);
}
```

5. 建立链表，该链表节点的数据结构为：

```
struct node
{
    char num[13];                   /* 学生的学号 */
    float English,Computer;      /* 英语成绩和计算机成绩 */
    struct node  * link;
};
```

求出该链表上的节点个数、英语的总成绩和计算机的总成绩，并在链首增加一个新节点，其分量 English 和 Computer 分别存放这两门课程的平均成绩。若链表为空链时，链首不增加节点。

以下函数 ave()的第一个参数 h 指向链首，第二个参数 count 所指对象存放求出的节点个数。函数 creat()创建链表参数 h 指向链首。

```
#include <stdio.h>
#include <stdlib.h>
#include <malloc.h>
#include <string.h>
struct node
```

```
{
  char num[13];                    /* 学生的学号 */
  float English,Computer;        /* 英语成绩和计算机成绩 */
  struct node * link;
};
struct node * ave(struct node * h,int * count)
{
  struct node *p1, *p2;
  float se=0.0,sc=0.0;
  * count=0;
  if(h==NULL)
  /********** found **********/
    ____⑮____;
  p1=h;
  /********** found **********/
  while(____⑯____)
  {
    se+=p1->English;
    sc+=p1->Computer;
    * count= * count+1;
  /********** found **********/
    ____⑰____;
  }
  p1=(struct node * )malloc(sizeof(struct node));
  strcpy(p1->num,"average");
  p1->English=se/ * count;
  p1->Computer=sc/ * count;
  /********** found **********/
  ____⑱____;
  h=p1;
  return h;
}
struct node * creat(struct node * h)
{
  struct node *p, *q,s;
  h=NULL;
  printf("number English Computer(score<0 end\n");
  scanf("%s%f%f",s.num,&s.English,&s.Computer);
  while (s.English>=0&&s.Computer>=0) /* 建立链表,直至输入负数时结束 */
  {
    /********** found **********/
    p=____⑲____;  /* 建立一个新的节点 */
    strcpy(p->num,s.num);
    p->English=s.English;
    p->Computer=s.Computer;
    if (h==NULL)                    /* 新建立的节点是第一个节点 */
      h=p;
    else
    /********** found **********/
```

```
    ____⑳____;                     /* 将新节点连接到链表最后 */
    q=p;
    scanf("%s%f%f", s.num, &s.English, &s.Computer);
  }
  if (h!=NULL)                        /* 链表不为空 */
    q->link=NULL;
  /********** found **********/
  ____㉑____;
}

void main( )
{
  struct node * head, *p;
  int c;
  head=creat(head);
  head=ave(head, &c);
  p=head;
  printf("number English Computer\n");
  while (p!=NULL)                     /* 显示链表每个节点中的数据 */
  {
    printf("%10s%7.2f%7.2f\n", p->num, p->English, p->Computer);
  /********** found **********/
  ____㉒;
  }
  printf ("\ntotal:%5d\n", c);        /* 显示节点个数(学生人数) */
}
```

(三) 程序改错

给定程序的函数 Creatlink 的功能是创建带头节点的单向链表，并为各节点数据域赋 0～$m-1$ 的随机值。

根据题目要求及程序中语句之间的逻辑关系对程序中的错误进行修改。

题中用“/****** found ******/”来提示在下一行有错。

改错时，可以修改语句中的一部分内容，增加少量的变量说明或编译预处理命令，但不能增加其他语句，也不能删去整条语句。

```
#include <stdio.h>
#include <stdlib.h>
typedef struct aa
{  int  data;
   struct aa  * next;
} NODE;
NODE  * Creatlink(int n, int m)
{  NODE  * h=NULL, *p, *s;
   int i;
/********** found ***********/
  p=(NODE)malloc(sizeof(NODE));
  h=p;
```

```
    p->next=NULL;
    for(i=1; i<=n; i++)
    {   s=(NODE *)malloc(sizeof(NODE));
        s->data=rand()%m;
        s->next=p->next;
        p->next=s;
/********** found ***********/
        p->next=p;
    }
/********** found ***********/
    returnp;
}
void outlink(NODE *h)
{   NODE   *p;
    p=h->next;
    printf("\n\nTHE LIST:\n\n HEAD ");
    while(p)
    {   printf("->%d ",p->data);
        p=p->next;
    }
    printf("\n");
}
void main()
{   NODE *head;
    srand(time(0));
    head=Creatlink(8,22);
    outlink(head);
}
```

【微信扫码】

习题解答&相关源程序

实验 13　文件

13.1　实验要求

1. 了解 C 语言的文件系统。

2. 掌握文件类型指针的定义方式 FILE *fp。

3. 掌握文件的打开与关闭。

4. 掌握文件顺序读写的常用函数。

5. 编写程序的文件名均采用以 ex13_题号.c 的形式命名，如【13.1】程序文件名为 ex13_1.c。

13.2　实验指导

1. 文件的基本概念

前面我们调试程序，若需要输入大量数据时，每调试一次就需重新输入一次数据，但有了文件，就可以将输入的数据、输出的数据保存起来，待下次需要时再使用，也可将程序运行过程中的中间结果数据保存起来。

所谓文件，是指存储在外部介质（如磁盘）的一组相关数据的有序集合。操作系统是以文件为单位对数据进行管理，每个文件都有一个名称——文件名，操作系统通过文件名访问文件。文件通常是驻留在外部介质（如磁盘、光盘等）上的，使用时才调入内存。

从用户角度来看，文件可分为磁盘文件、设备文件。

(1) 磁盘文件。文件一般保存在磁介质（如软盘、硬盘、U 盘等）上，所以称为磁盘文件。

(2) 设备文件。操作系统还经常将与主机相连接的 I/O 设备也看作文件，即设备文件。输入文件：键盘（stdin）；输出文件：显示器（stdout）和打印机（stdprn）。

从数据存储的编码形式来看，文件可分为 ASCII 文件和二进制文件。

(1) ASCII 文件（文本文件）。每个字节存放一个 ASCII 码，代表一个字符。ASCII 文件可以阅读，可以打印，但是它与内存数据交换时需要转换。

(2) 二进制文件。将内存中的数据按照其在内存中的存储形式原样输出，并保存在文件中，按二进制的编码方式来存放文件。二进制文件占用空间少，内存数据和磁盘数据交换时无须转换，但是二进制文件不可阅读、打印。

从不同的角度，可以对文件进行不同的分类，若从数据组织方式的不同，文件可分为流式文件和记录式文件；若从文件组织方式的不同，文件可分为索引文件、散列文件、序列文件等。

一个文件是一个字节流或二进制流，输入输出的数据流的开始和结束仅受程序控制，不受物理符号的控制，这种文件称为流式文件。C语言将文件看作是一个字符（字节）的序列，即一个一个字符（字节）的数据顺序组成的流式文件，每一个文件或者以文件结束标志结束，或者在特定的字节号处结束。

2. 文件类型指针

操作系统为每一个正在使用的文件在内存中开辟一个缓冲区，以存放该文件的相关信息，如文件名、文件状态、文件读写的当前位置、缓冲区位置等。FILE为文件操作定义一种结构类型，该结构类型在头文件stdio.h中定义。

在程序中使用文件的方式保存相关信息时，我们需知道文件存储的位置，以及文件的内容。文件操作包括有文件的打开、文件的读写和文件的关闭，对上述的操作C语言都是通过调用函数来实现。事实上，所有对文件的操作可通过文件指针来完成。

定义文件类型指针的一般格式：

FILE *指针变量标识符；

如FILE *fp;，习惯上也称fp指向一个文件的指针。通常情况下，如果程序中要对n个文件操作，可定义n个文件指针变量。

3. 文件的打开与关闭

文件操作的基本过程是“先打开，再读写，最后关闭”。

在对文件操作之前，必须先打开该文件。所谓打开文件，实际上是建立文件的各种相关信息，并使文件指针指向该文件，以便能对该文件进行其他操作。文件打开通过调用fopen函数实现。

调用fopen函数的格式：

fopen("文件名","打开方式或使用方式")；

fopen函数正确打开文件时，返回打开文件的首地址（存放文件的位置），若打开文件失败，返回NULL（NULL为符号常量，在stdio.h中定义，其值为0）。

fopen函数带两个字符串参数，第一个参数“文件名”是指具体要对哪个文件进行操作。第二个参数“打开方式或使用方式”是指文件是以什么角色打开。因为每一个文件打开后都要承担自己特定的角色，即只读文件、只写文件还是可读可写文件等。文件打开方式如表13.1所示。

表13.1 文件打开方式

使用方式	含义
r	打开只读文件，该文件必须存在
w	打开只写文件，若文件存在，则文件长度清零，即文件内容会消失，若文件不存在则建立该文件

（续表）

使用方式	含义
a	以追加的方式打开只写文件，若文件不存在，则建立文件，存在则在文件尾部添加数据，即追加内容
r+	打开可读可写的文件，该文件必须存在，当写文件时将之前的文件覆盖
w+	打开可读写文件，若文件存在，则文件长度清零，即文件内容会消失，若文件不存在则建立该文件
a+	以追加的方式打开可读写文件，不存在则建立文件，存在则写入数据到文件尾
rb	打开只读二进制文件，该文本必须存在
wb	打开只写二进制文件，若文件存在，则文件长度清零，即文件内容会消失，若文件不存在则建立该文件
ab	打开只写二进制文件，二进制数据的追加，不存在则创建
rb+	打开读写二进制文件，允许读和写，该文件必须存在
wb+	打开可读写二进制文件，若文件存在，则文件长度清零，即文件内容会消失，若文件不存在则建立该文件
ab+	打开读写二进制文件，不存在则创建，允许读或在文本末尾追加数据

r 是 read 的简写，w 是 write 的简写，a 是 append 的简写，+代表可读可写，b 代表 bit 二进制位。

如有定义：

```
FILE *fp;
fp=fopen("d:\\a1.txt","r");
```

说明：

(1) fopen 函数以只读的方式打开 d 盘根目录下文件名为 a1.txt 的文件。

(2) fopen 函数若打开成功，返回指向 d 盘根目录下文件名为 a1.txt 的文件的首地址，否则返回 NULL，然后赋值给 fp。

(3) 打开文件时，如果打开出错，fopen 将返回一个空指针值 NULL。由此来判断是否已正确打开文件，并做相应的处理。因此常采用以下程序段来检测打开文件是否成功。

```
if((fp=fopen("d:\\a1.txt","r")==NULL)
{
 printf("\nerror on open d:\\a1.txt file!");
 exit(0);
}
```

如果返回的指针为空，表示打开 d 盘根目录下的 a1.txt 文件失败，则给出提示信息"error on open d: \a1.txt file!"，随后执行 exit(0)退出程序。exit()表示该函数包含在头文件 stdlib.h 中。

文件一旦使用完毕，应关闭该文件，以避免文件的数据丢失等错误。当文件关闭后，其文件指针就不再指向该文件，文件缓冲区也被系统收回，文件关闭通过调用 fclose 函数实现。

调用 fclose 函数的格式：

fclose(文件指针)；

使文件指针 fp 与文件脱离，刷新文件输入/输出缓冲区。若关闭成功返回 0，否则返回 EOF(EOF 在 stdio.h 中定义为－1)。

4. 格式化读写函数 fscanf 和 fprintf

fscanf 函数和 fprintf 函数与 scanf 函数和 printf 函数功能相似，都是格式化输入、输出函数，两者的区别在于 scanf 函数和 printf 函数的输入输出对象是键盘和显示器，而 fscanf 函数，fprintf 函数的输入输出对象是文件，fscanf 函数可以从指定的文件中读出数据，fprintf 函数将数据写入指定的文件。

读写格式化函数 fscanf 函数和 fprintf 函数的调用格式：

fscanf(文件指针，格式字符串，地址表列)；

fprintf(文件指针，格式字符串，输出表列)；

【例 1】 实现两数的交换，并将原数与交换后的结果保存 d 盘根目录下文件 swap.txt 中。

```
#include <stdlib.h>
#include <stdio.h>
void main( )
{
  FILE *fp;                /*说明一个文件指针变量 fp*/
  int a,b,c;
  /*以只写的方式打开 d 盘根目录下文件 swap.txt,并检测打开文件是否成功*/
  if((fp=fopen("d:\\swap.txt","w"))==NULL)
  {
    printf("\nerror on open d:\\swap.txt!");
    exit(0);
  }
  scanf("%d%d",&a,&b);                  /*从键盘上输入两整数的值*/
  printf("a=%d b=%d\n",a,b);            /*在显示器上输出两数的原值*/
  fprintf(fp,"a=%d b=%d\n",a,b);        /*将两数的原值写入 fp 所指的文件中*/
   c=a;
   a=b;
   b=c;
  printf("a=%d b=%d",a,b);              /*在显示器上输出交换后的两数*/
  fprintf(fp,"a=%d b=%d",a,b);          /*将交换后的两数写入 fp 所指的文件中*/
  fclose(fp);                           /*关闭文件*/
}
```

当程序运行后，可在 d 盘根目录下创建一个文件 swap.txt，打开该文件可查看文件内容，即为程序运行结果。

【例 2】 某班 10 名学生，参加 C 语言程序设计课程考试，将成绩最高的学生的全部信息保存在文件 high.txt 中，学生信息包含学号、姓名、年龄、性别、成绩和电话，将 10 名学生的所有信息保存在文件 student.txt 中。

10 名学生的所有信息：

```
31615010001    LiHua       19 M 90    13397003401
31615010002    WanPing     20 F 87    13297880026
31615010003    ZhangKai    19 M 88    15590824316
31615010004    WuXiao      20 F 67    14591204638
31615010005    HuYu        19 M 91    13294302618
31615010006    LinDaHua    20 M 89    16695082819
31615010007    LiHu        19 M 90    13497003401
31615010008    WanQing     20 F 93    13397880026
31615010009    ZhanKai     19 M 88    15590824316
31615010010    WuiXiao     20 F 82    15591202638
```

```
#include <stdio.h>
#define N 10
struct student
{
  char num[13];
  char name[20];
  int age;
  char sex;
  float score;
  char tele[12];
};
void main()
{
  FILE *fp, *fp1;
  struct student a[N];
 int i,j;
 float max=0;
  fp=fopen("d:\\pro\\student.txt","r");
  fp1=fopen("d:\\pro\\high.txt","w");
  for(i=0;i<N;i++)
  fscanf(fp,"%s%s%d%c%f%s",a[i].num,a[i].name,&a[i].age,&a[i].sex,&a[i].score,a[i].
                                        tele);
  for(i=0;i<N;i++)
  if(max<a[i].score)
     {
       max=a[i].score; j=i;
       }
  printf("number\t\t name\tage\tsex\tscore\ttelephone\n");
  printf("%s\t%s\t%d\t%c\t%0.2f\t%s\n",a[j].num,a[j].name,a[j].age,a[j].sex,a[j].
                                                        score,a[j].tele);
  fprintf(fp1,"number\t\t name\tage\tsex\tscore\ttelephone\n");
  fprintf(fp1,"%s\t%s\t%d\t%c\t%0.2f\t%s\n",a[j].num,a[j].name,a[j].age,a[j].sex,a[j].
                                                       score,a[j].tele);
  fclose(fp);
```

```
  fclose(fp1);
}
```

要点：

(1) 在运行该程序之前先在 d 盘根目录的文件夹 pro 下建立一个文本文件 student.txt。将 10 名学生的所有信息录入该文件中。

(2) 需要操作的文件有两个，定义两个文件类型指针。

(3) 打开文件中的文件路径需要用双斜杠，如"d:\\pro\\student.txt"。

(4) 有些程序通常只要求将结果保存到指定文件中，并不需要从文件中读数据。因此编写程序的一般框架为：

```
#include <stdlib.h>            /* 库函数 exit(0)需要的头文件 */
#include <stdio.h>             /* 输入输出函数需要的头文件 */
………
类型说明符 函数名(形参表)
{
  ………
}
void main()
{
  FILE *fp;                              /* 文件类型指针定义 */
  数据类型的说明和定义
  if((fp=fopen("t:\\myf2.out","w"))==NULL)        /* 文件的打开与测试 */
    {
      printf("\nCan't open the file!");
      exit (0);
    }
 函数调用(具体问题具体分析)
 输出结果                /* 根据格式写入文件,fprintf 函数的正确使用 */
 fclose(fp);             /* 文件关闭 */
}
```

【例 3】 编写函数 void move(char *s)，函数功能是将 s 指向的一个字符串中所有数字字符顺序前移，其他字符顺序后移，生成一个新的字符串，所生成的新字符串仍然存放在 s 指向的数组中，字符串由主函数输入，并在主函数中输出字符串到屏幕及文件 newstring.txt 中。

输入测试数据：as34df%&f56hj#

程序运行结果：3456asdf%&fhj#

```
#include <stdio.h>
#include <ctype.h>          /* 库函数 isdigit()需要 */
#include <stdlib.h>         /* 库函数 exit(0)需要 */
void move(char *s)
{
  int i=0,j=0,k;
  char a[20];
  for(k=0;s[k]!='\0';k++)
```

```
        if(isdigit(s[k]))              /* 判断 s[k]是否为数字字符 */
          s[i++]=s[k];
        else
          a[j++]=s[k];
        a[j]='\0';
        s[i]='\0';
    for(k=0;k<j;k++)
        s[i++]=a[k];                   /* 将两个字符串连接 */
}
void main()
{
        char s[20];
        FILE *fp;
        if((fp=fopen("d:\\pro\newstring.txt","w"))==NULL)
         {
          printf("\nCan't open the file!");
          exit (0);
        }
        gets(s);                                          /* 输入字符串 */
        move(s);                                          /* 调用函数 */
        printf("\n%s",s),fprintf(fp,"\n%s",s);           /* 输出结果到屏幕和文件 */
        fclose(fp);                                       /* 关闭文件 */
}
```

在编程时若要求输出的结果既要显示到屏幕又要到文件时，printf 函数与 fprintf 函数写在一起，并用逗号分隔，这样程序不容易错。

5. 字符读写函数 fgetc 和 fputc

从指定的文件中，读入一个字符，可使用读字符函数 fgetc，该函数的调用格式：

fgetc(文件指针)；

该函数每读一个字符则读写位置指针向下移动一个字节(即指向下一个字符)。当读到文件末尾或出错时，该函数返回 EOF(EOF 为符号常量，其值为－1，在 stdio. h 中定义，表示文件结束标志)。

正确使用形式为：

ch＝fgetc(fp)；

从 fp 所指向的文件中读取一个字符并送入变量 ch 中。

将一个字符写入指定的文件时，可使用写字符函数 fputc，该函数的调用格式：

fputc(字符量，文件指针)；

当向指定文件写入一个字符时，读写位置指针向下移动 1 个字节(即指向下一个写入位置)。如果写入成功，则函数返回值为写入的字符数据，否则，返回 EOF。

【例 4】 从键盘输入 10 个字符，并存储到“d:\a. txt”中去，再从“d:\a. txt”中把所有内容读取出来，并在屏幕上显示。

```
#include <stdio.h>
#include <string.h>
```

```
#include <stdlib.h>
void main()
{
  FILE *fp;
  char ch;
  int i;
  if((fp=fopen("d:\\a.txt","w"))==NULL)   /*以只写方式打开文件并测试*/
  {
    printf("Can not open this file");
    exit(0);
  }
  for(i=1;i<=10;i++)
    fputc(getchar(),fp);                  /*从键盘输入字符,并写入文件*/
  fclose(fp);                             /*关闭文件*/
  if((fp=fopen("d:\\a.txt","r"))==NULL)   /*以只读方式重新打开该文件*/
  {
    printf("Can not open this file");
    exit(0);
  }
  while((ch=fgetc(fp))!=EOF)              /*从文件中读出字符并输出到屏幕*/
      putchar(ch);
  fclose(fp);                             /*关闭文件*/
}
```

要点：

(1) 将键盘输入的内容,写到文件中去,需采用文件读字符函数,并使用打开文件函数fopen打开文件,让文件指针指向该文件的首位。当文件写完后,文件指针会指向文件的末尾,若要读出文件中的字符,需要将文件指针返回到文件首,可以采用关闭该文件,然后再次打开的方式。

(2) 从文件中读出字符并输出到屏幕,也可使用下列程序段实现。

```
while(!feof(fp))
   putchar(fgetc(fp));
```

其中,feof()函数为测试文件结束函数。检查文件位置指针是否在文件结尾处,若是则该函数返回值为非0,否则返回0值。

6. 字符串读写函数 fgets 和 fputs

从指定的文件中读入一个最大长度为n－1的字符串,存入字符数组中,并自动在字符串末尾加字符串结束标志'\0'。可使用读字符串函数fgets,函数的调用格式:

fgets(字符数组名,n,文件指针);

其中,n是一个正整数,表示从文件中读出的字符串不超过n－1个字符。该函数读入正确,返回读出的字符串的首地址,如果出错或读到文件尾,返回NULL。

向指定文件写入一个字符串,可使用写字符串函数fputs,函数的调用格式:

fputs(字符串,文件指针);

其中,字符串可以是字符串常量,也可以是字符数组名,或指针变量,如果写入成功,则函数返回值为 0,否则为非 0 值。

7. 数据块读写函数 fread 和 fwrite

C 语言还提供了用于整块数据的读写函数,可用于读写一组数据。如一个数组元素,一个结构变量的值等。

读写数据块函数调用的格式:

fread(buffer, size, count, fp);

fwrite(buffer, size, count, fp);

其中,buffer 是一个指针,它表示存放输入输出数据的首地址;size 表示数据块的字节数;count 表示要读写的数据块块数;fp 表示文件指针。

【例 5】 将数组 a 中的数据写到 d 盘根目录的文件 stu_sc.dat 中,然后从该文件读出存入数组 b 中。

```
#include <stdio.h>
void main()
{
  FILE *fp;
  int a[5]={12,13,14,15,16},b[5];
  int i;
  if((fp=fopen("d:\\stu_sc.dat","wb"))==NULL)
  {
    printf("Cannot open file!");
    exit(0);
  }
  for(i=0;i<5;i++)
    fwrite(&a[i],sizeof(int),5,fp);
  fclose(fp);
  if((fp=fopen("d:\\stu_sc.dat","rb"))==NULL)
{
      printf("Cannot open file!");
      exit(0);
  }
for(i=0;i<5;i++)
  fread(&b[i],sizeof(int),5,fp);
fclose(fp);
for(i=0;i<5;i++)
  printf("%5d",b[i]);
}
```

13.3 实验内容

1. 夯实基础

【13.1】 编程实现,从键盘输入任意两整数,求两整数的和,其运行结果保存在文件sum.txt中。

【13.2】 编程实现,输出100～200之间的所有素数,输出结果保存在文件prime.txt中。

【13.3】 编程实现,将一个磁盘文件a.txt的内容复制到另一个磁盘文件b.txt中,文件a.txt中的内容为:The world is so big that I want to see it.

【13.4】 编程实现,生成100个小于1000的随机整数,并把它们存储在"d:\b.dat"中,然后把这些数读取出来,每行5个,显示在屏幕上。找出其中的素数,每行5个显示在屏幕上,同时写入"d:\prime.txt"文件中。

【13.5】 编写函数void substitution(char *s,char *t,char * g),函数的功能是在s指向的字符串(简称s串)中查找t指向的子串(简称t串),并用g指向的字符串(简称g串)替换s串中所有的t串。主函数中以测试数据初始化,并将结果输出到屏幕及保存到文件data.out中。

测试数据:s: aaacdaaaaaaaefaaaghaa

t: aaa

g: 22

程序运行结果:22cd2222aef22ghaa

2. 应用提高

【13.6】 将两个班的学生参加的课程考试成绩按升序存放于两个数组中,现合并两数组中学生信息,使得合并后的数组中的学生信息仍按课程成绩升序排列。并将结果输出到屏幕及保存到文件score.out中,学生信息包含学号、姓名和成绩。

测试数据:

a数组:1003 Liyi 81; 1002 Mahong 83; 1001 Zhaogao 85

b数组:2002 Zhanli 80; 2001 Guopin 84; 2004 Wusi 86; 2003 Yetong 88

程序运行结果:

2002 Zhanli 80
1003 Liyi 81

1002 Mahong 83
2001 Guopin 84
1001 Zhaogao 85
2004 Wusi 86
2003 Yetong 88

【13.7】 有两个磁盘文件 a. txt(文件内容：to catch up)和 b. txt(文件内容：a moment)，要求合并两个文件，产生一个新文件，新文件的内容是按字母的顺序。即文件内容为：aaccehmmnoopttttu。

【13.8】 编程实现，英文单词关键词检索，文件 word. txt 中给出一篇英文短文，现输入一个要检索的关键词，在英文短文中检索，要求检索的关键词精确匹配，输出该关键词在短文中出现的次数，若没找到，输出"No found!"。(注：短文和关键词自行给定)

13.4 实训练习

(一) 选择题

1. C 语言可以处理的文件类型是______。
   A. 文本文件和数据文件　　B. 文本文件和二进制文件
   C. 数据文件和二进制文件　　D. 以上都不完全
2. 缺省状态下，系统的标准输出文件(设备)是指______。
   A. 键盘　　B. 显示器　　C. 软盘　　D. 硬盘
3. 若要以只读打开一个新的二进制文件，则打开时使用的方式字符串是______。
   A. "wb"　　B. "a+"　　C. "rb"　　D. "rb+"
4. 若要打开 A 盘上 user 子目录下名为 abc. txt 的文本文件进行读、写操作，下面符合此要求的函数调用是______。
   A. fopen("A:\user\abc.txt","r")
   B. fopen("A:\\user\\abc.txt","r+")
   C. fopen("A:\user\abc.txt","rb")
   D. fopen("A:\\user\\abc.txt","w")
5. 已知函数 fwrite 的一般调用形式是 fwrite(buffer, size, count, fp)，其中 buffer 代表______。
   A. 一个指向要输出文件的文件指针
   B. 存放输出数据项的存储区
   C. 要输出数据项的总数
   D. 存放要输出的数据的地址或指向此地址的指针

6．标准函数 fgets(s,n,f) 的功能是______。

A．从文件 f 中读取长度为 n 的字符串存入指针 s 所指的内存

B．从文件 f 中读取长度不超过 n−1 的字符串存入指针 s 所指的内存

C．从文件 f 中读取 n 个字符串存入指针 s 所指的内存

D．从文件 f 中读取长度为 n−1 的字符串存入指针 s 所指的内存

7．若 fp 是指向某文件的指针，且已读到该文件的末尾，则 C 语言库函数 feof(fp)的返回值是______。

A．EOF　　B．−1　　C．非零值　　D．NULL

8．有以下程序

```
#include <stdio.h>
int main( )
{
  FILE *fp; int i=20,j=30,k,n;
  fp=fopen("d1.dat","w");
  fprintf(fp,"%d\n",i);fprintf(fp,"%d\n",j);
  fclose(fp);
  fp=fopen("d1.dat","r");
  fp=fscanf(fp,"%d%d",&k,&n);   printf("%d%d\n",k,n);
  fclose(fp);
}
```

程序运行后的输出结果是______。

A．2030　　B．2050　　C．3050　　D．3020

9．以下程序的功能是______。

```
#include <stdio.h>
int main( )
{
  FILE *fp;
  fp=fopen("abc","r+");
  while(!feof(fp))
    if(fgetc(fp)=='#')
    {  fseek(fp,-1L,SEEK_CUR);
       fputc('$',fp);
       fseek(fp,ftell(fp),SEEK_SET);
    }
  fclose(fp);
}
```

A．将 abc 文件中所有'#'替换为'$'　　B．查找 abc 文件中所有'#'

C．查找 abc 文件中所有'$'　　D．将 abc 文件中所有字符替换为'$'

10．如下程序执行后，abc 文件的内容是______。

```
#include <stdio.h>
int main( )
{
```

```
    FILE * fp;
    char *str1="first";
    char *str2="second";
    if((fp=fopen("abc","w+"))==NULL)
    {
      printf("Can't open abc  file\n");
      exit(0);
    }
    fwrite(str2,6,1,fp);
    fseek(fp,0L,SEEK_SET);
    fwrite(str1,5,1,fp);
    fclose(fp);
}
```

A. first　　B. second　　C. firstd　　D. 为空

（二）程序填空

1. 下面的程序用来统计文件中字符的个数，请填空。

```
#include <stdio.h>
int main( )
{
    FILE * fp;
    long num=0;
    if((fp=fopen("fname.dat","r"))==NULL)
    { printf("Can't open file! \n"); exit(0);}
      while(  ①  )
        {fgetc(fp);  ②  ;}
    printf("num=%d\n",num);
    fclose(fp);
}
```

2. 以下程序求指定文本文件 C:abc.txt 中最长行（长度）和它的位置（行数，序号从 1 开始）。例如：

aaa

dd

ccccc

eeee

gggggggggg

sssss

运行结果：

10　　5

请填空。

```
#include <stdio.h>
int main( )
```

```
{
   int lin,i,j=0,k=0;
   char c;
   FILE *fp;
   fp=fopen(____③____);
   rewind(fp);
   while (fgetc(fp)!=EOF)
   {  ____④____
       ____⑤____
       {i++;}
       j++;
   if (i>=k)  {k=i; ____⑥____}
   }
   printf("\n%d\t%d\n",k,lin);
fclose(fp);
}
```

3. 以下程序的功能是,从键盘上输入一个字符串,把该字符串中的小写字母转换为大写字母,输出到文件 test. txt 中,然后从该文件读出字符串并显示出来。

```
#include <stdio.h>
#include <stdlib.h>
int main()
{
   FILE     *fp;
   char str[100];
     int i=0;
   if((fp=fopen("g:\\text.txt","w"))==NULL)
     {printf("can't open this file.\n");exit(0);}
   printf("input astring:\n");
   ____⑦____;
   while (str[i])
   {
     if(____⑧____)
       str[i]=____⑨____;
     fputc(str[i],fp);
     i++;
   }
   fclose(fp);
   fp=fopen("g:\\text.txt","r");
   fgets(____⑩____);
   printf("%s\n",str);
   fclose(fp);
}
```

4. 给定程序的功能是,调用 fun 函数建立班级通讯录。通讯录中记录每位学生的编号、姓名和电话号码,每个人的信息作为一个数据块写到名为 student. dat 的二进制文件中。

```
#include <stdio.h>
#include <stdlib.h>
#define N 5
typedef  struct
{
  int  num;
  char  name[10];
  char  tel[10];
}STYPE;
void check();

/ ********** found ********** /
int fun(____⑪____ *std)
{
/ ********** found ********** /
  ____⑫____  * fp;    int i;
  if((fp=fopen("student.dat","wb"))==NULL)
      return(0);
  printf("\nOutput data to file!\n");
  for(i=0; i<N; i++)
/ ********** found ********** /
      fwrite(&std[i],sizeof(STYPE),1,____⑬____);
  fclose(fp);
  return (1);
}
void check()
{
  FILE * fp;  int i;
  STYPE  s[10];
  if((fp=fopen("student.dat","rb"))==NULL)
  { printf("Fail!!\n"); exit(0);}
  printf("\nRead file and output to screen:\n");
  printf("\n num name tel\n");
  for(i=0; i<N; i++)
  {
    fread(&s[i],sizeof(STYPE),1,fp);
    printf("%6d %s %s\n",s[i].num,s[i].name,s[i].tel);
  }
fclose(fp);
}
void main()
{
  STYPE  s[10]={ {1,"li","111111"},{2,"zhi","222222"},{3,"wang","333333"},
                          {4,"gong","444444"},{5,"hua","555555"}};
  int  k;
  k=fun(s);
  if (k==1)
  {  printf("Succeed!");  check();  }
  else
```

```
        printf("Fail!");
    }
```

5. 程序通过定义学生结构体变量，存储学生的学号、姓名和 3 门课成绩。所有学生数据均以二进制方式输出到 student.dat 文件中。函数 fun 的功能是从指定文件中找出指定学号的学生数据，读入此学生数据，对该生的分数进行修改，使每门课的分数加 3 分，修改后重写文件中该学生数据，即用该学生新数据覆盖原数据，其他学生数据不变；若找不到，则什么都不做。

```
#include <stdio.h>
#define N 5
typedef struct  student {
  long sno;
  char name[10];
  float score[3];
} STU;
void fun(char * filename, long sno)
{
  FILE * fp;
  STU n;   int i;
  fp=fopen(filename, "rb+");
/ ********** found ********** /
  while (!feof(____⑭____))
  {
    fread(&n, sizeof(STU), 1, fp);
/ ********** found ********** /
    if (n.sno ____⑮____ sno)    break;
  }
  if (!feof(fp))
  {
      for (i=0; i<3; i++)   n.score[i] +=3;
/ ********** found ********** /
      fseek(____⑯____, -(long)sizeof(STU), SEEK_CUR);
      fwrite(&n, sizeof(STU), 1, fp);
  }
  fclose(fp);
}
  void main( )
  { STU   t[N]={ {10001, "MaChao", 91, 92, 77}, {10002, "CaoKai", 75, 60, 88},
                 {10003, "LiSi", 85, 70, 78},   {10004, "FangFang", 90, 82, 87},
                 {10005, "ZhangSan", 95, 80, 88}}, ss[N];
    int   i, j, num;
    FILE   * fp;
    fp=fopen("student.dat", "wb");
    fwrite(t, sizeof(STU), N, fp);
    fclose(fp);
    printf("\nThe original data:\n");
    fp=fopen("student.dat", "rb");
```

```
    fread(ss, sizeof(STU), N, fp);
    fclose(fp);
    for (j=0; j<N; j++)
    {  printf("\nNo: %ld   Name: %-8s   Scores:   ", ss[j].sno, ss[j].name);
       for (i=0; i<3; i++) printf("%6.2f ", ss[j].score[i]);
       printf("\n");
    }
    printf("请输入学生的学号\n");
    scanf("%d", &num);
    fun("student.dat", num);
    fp=fopen("student.dat", "rb");
    fread(ss, sizeof(STU), N, fp);
    fclose(fp);
    printf("\nThe data after modifing:\n");
    for (j=0; j<N; j++)
    {  printf("\nNo: %ld   Name: %-8s   Scores:   ", ss[j].sno, ss[j].name);
       for (i=0; i<3; i++)   printf("%6.2f", ss[j].score[i]);
       printf("\n");
    }
}
```

6. 程序通过定义学生结构体变量，储存学生的学号、姓名和 3 门课的成绩。所有学生数据均以文本方式输出到文件中。函数 fun 的功能：重写形参 filename 所指文件，即在文件的末尾增加一位学生的数据，其他学生的数据不变。

```
#include <stdio.h>
#define N 5
typedef struct   student {
  long   sno;
  char   name[10];
  float   score[3];
} STU;
void fun(char * filename, STU n)
{
  FILE   * fp;
  int j;
/ ********** found ********** /
  fp=fopen(____⑰____, "a");
/ ********** found ********** /
  fprintf(____⑱____, "%ld %-8s", n.sno, n.name);
  for(j=0;j<3;j++)
/ ********** found ********** /
    fprintf(fp, "%5.0f", ____⑲____);
  fprintf(fp, "\n");
  fclose(fp);
}
void main()
{ STU   t[N]={ {10001, "MaChao", 91, 92, 77}, {10002, "CaoKai", 75, 60, 88},
```

```
                {10003,"LiSi",85,70,78},      {10004,"FangFang",90,82,87},
                {10005,"ZhangSan",95,80,88}};
    STU   n={10006,"ZhaoSi",88,70,68};
    int   i,j;
    FILE   *fp;
    fp=fopen("d:\student.txt","w");
    for(i=0;i<5;i++)
    {
      fprintf(fp,"%ld %-8s ",t[i].sno,t[i].name);
      for(j=0;j<3;j++)
        fprintf(fp,"%5.0f",t[i].score[j]);
      fprintf(fp,"\n");
    }
    fclose(fp);
    fun("d:\student.txt",n);
}
```

【微信扫码】
习题解答&相关源程序

实验 14　综合程序设计

14.1　实验要求

1. 掌握程序设计的算法。
2. 掌握程序设计的各种题型。
3. 程序的文件名均采用 ex14_题号.c，如【14.1】程序文件名为ex14_1.c。

14.2　实验指导

1. 全国计算机等级考试(二级 C 语言)操作考试题型

C 语言全国计算机等级考试是无纸化考试，操作部分的考试题型包括填空题、改错题和编写程序题。

2. 操作题型答题要点

(1) 填空题答题要点

① 试题中用“/ ****** found ****** /”来提示在下一行有一个空需填写。

② 填写空白时，先要将下划线删除，然后再填空。

③ 每个空只填写一条语句或表达式。

④ 不要改动程序行的顺序，更不要自己另编程序。

(2) 改错题答题要点

① 试题中用“/ ****** found ****** /”来提示在下一行有错。

② 上机改错的试题中通常包含两个(或三个)错误需要修改。错误的性质基本分语法错误和逻辑错误两种。

③ 只能在出错的行上进行修改，不要改动程序行的顺序，更不要自己另编程序。

(3) 编程题答题要点

① 二级 C 程序设计上机考试中，给定函数的首部，要求完成独立的函数体编程。

② 应对照函数首部的形参，审视主函数中调用函数时的实参内容，完成函数中需要处理的数据对象。

③ 编程的关键点，一是算法，二是观察函数的类型来决定有无返回值。

④ 调试程序，利用试题中给出的例示数据进行输入(若要求输入的话)，运行程序，用例

示的输出数据检验输出结果,直到结果相同。

3. 全国计算机等级考试(二级C语言)改错题的错误主要分类

(1) if 或 while 或 do-while 语句

若错误行是 if 或 while 或 do-while 语句,错误的可能信息:

① 关键字 if、do、while 书写是否正确。

② if 或 while 后表达式是否漏写小括号。

③ if 或 while 条件表达式的小括号后是否加有分号";",若有则删除分号。

④ do-while 条件表达式的小括号后是否少分号";",若是则加分号。

⑤ 若条件表达式中有指针变量但没有指针运算符时,则加上指针运算符。

⑥ 若 if/while/do-while 条件表达式中只有一个等号(=),则要改写成两个等号(==)。

⑦ if/while/do-while 条件表达式中有其他的比较运算符,则查看运算符是否书写合法。

(2) for 语句

若错误行是 for 语句,错误的可能信息:

① 关键字 for 书写是否正确。

② 查看 for 语句中的表达式是不是用分号";"隔开,若不是则改为分号。

③ for 语句的括号后是否加有分号";",若有则删除分号。

④ 分析 for 中的三个表达式,是否符合题意;第一个表达式表示循环控制变量赋初值,第二个表达式表示循环终止条件,第三个表达式表示循环控制变量的变化。

(3) return 语句

若错误行为是 return 语句,错误的可能信息:

① 查看关键字 return 书写是否正确,格式是否正确。

正确书写格式:return　表达式;或者 return(表达式);

注意若 return 语句后的表达式不加括号时,return 语句后必须有一个空格。

② return 语句后是不是缺少分号,若是则加上分号。

③ 再者判断 return 后的变量或表达式是否正确。

(4) 赋值语句

若错误行是赋值语句,则要看赋值是否正确,赋值运算符是否书写正确。

(5) 说明或定义语句行

若错误行是说明或定义语句,错误的可能信息:

① 分析变量类型名是否书写正确,所有的类型说明符都必须是小写,变量名是否重复说明或书写正确。

② 给变量赋初值是否正确。

③ 查看是不是少定义某个变量。

④ 若是对数组等初始化时,是否少了花括号。

(6) 表达式语句

若错误行是表达式语句,错误的可能信息:

① 分析题意,表达式是否书写正确。

② 若表达式出现分数,则要考虑整型除整型其结果为整型。若分子或分母为整数数值时,必须把整数改为实数,若是变量或表达式时,则只能进行强制类型转换。

(7) 字符串类问题

若错误行中有字符串结束符,主要是查看字符串结束符'\0'有没有写错。区分字符'o'和数字'0',字符串结束符'\0'用的是单引号,而不是双引号。

(8) 指针类问题

若错误行中有指针变量,主要考虑指针变量前是否需要指针运算符。或者加上指针运算符,或者去掉指针运算符。

(9) 函数首部类问题

若错误行是函数首部,错误的可能信息:

① 函数首部行最后有无分号,若有则删掉分号。

② 形参与形参之间用逗号,而不能用分号。

③ 查看形参是否都进行类型说明。所有形参必须都要逐一进行类型说明。

④ 形参和实参类型不一致问题:

若实参是个地址或数组名或指针变量名,则对应的形参肯定是指针或数组;

若实参是二维数组名,则对应的形参应该是指针数组或是二维数组;

若后面用到某形参的时候有指针运算符,则该形参应为指针类型;

若形参是二维数组或指向 M 个元素的指针变量,则该二维的长度必须与 main 中对于数组的第二维的长度相同。

⑤ 函数类型不一致问题:

若函数中没有 return 语句,则函数类型为 void;

若函数中有 return 语句,则函数的类型必须与 rerun 后的变量类型一致。

(10) 语法错误问题

① 语句缺少分号。若错误号中语句没有以分号结束则加上分号。

② 变量名不一致。C 语言是区分大小写的,若错误行中有大写字母一般都改为小写字母。

(11) 逻辑错误问题

具体问题具体分析。

14.3 实验内容

【14.1】 程序填空题,给定程序中,函数 fun 的功能:计算下式前 n 项的和作为函数值返回。

$$s=\frac{1\times 3}{2^2}-\frac{3\times 5}{4^2}+\frac{5\times 7}{6^2}-\cdots+(-1)^{n-1}\frac{(2n-1)\times(2n+1)}{(2n)^2}$$

例如,当形参 n 的值为 10 时,函数返回:−0.204491。

请在程序的下划线处填入正确的内容并把下划线删除,使程序得出正确的结果。

注意：部分源程序给出如下。

不得增行或删行，也不得更改程序的结构！

【部分源程序】

```
#include <stdio.h>
double fun(int n)
{
   int i,k;      double s,t;
   s=0;
/**********found**********/
   k=________;
      for(i=1;i<=n;i++){
/**********found**********/
      t=________;
      s=s+k*(2*i-1)*(2*i+1)/(t*t);
/**********found**********/
      k=________;
   }
   return s;
}
main()
{
   int n=-1;
   while(n<0){
      printf("Please input(n>0):");
      scanf("%d",&n);
   }
   printf("\nThe result is:%f\n",fun(n));
}
```

【14.2】 程序填空题，用筛选法可得到 2～n(n<10000)之间的所有素数，方法：首先从素数 2 开始，将所有 2 的倍数的数从数表中删去(把数表中相应位置的值置成 0)；接着从数表中找下一个非 0 数，并从数表中删去该数的所有倍数；依此类推，直到所找的下一个数等于 n 为止。这样会得到一个序列：

2,3,5,7,11,17,19,23,……

函数 fun 用筛选法找出所有小于等于 n 的素数，并统计素数的个数作为函数值返回。

请在程序的下划线处填入正确的内容并把下划线删除，使程序得出正确的结果。

注意：部分源程序给出如下。

不得增行或删行，也不得更改程序的结构！

【部分源程序】

```
#include <stdio.h>
int fun(int n)
{
   int a[20]={0},i,j,count=0;
   for(i=2;i<=n;i++)
      a[i]=i;
```

```
  i=2;
  while(i<n){
/ ********** found ********** /
  for (j=a[i] * 2;j<=n;j+=________)
       a[j]=0;
     i++;
/ ********** found ********** /
     while(________==0)
      i++;
  }
  printf("\nThe prime number between 2 to %d\n",n);
  for(i=2;i<=n;i++)
/ ********** found ********** /
  if(________){
     count++;
     printf(count%15?"%5d":"\n%5d",a[i]);
  }
  return count;
}
main()
{
  int n=20,r;
  r=fun(n);
  printf("\nThe number of prime is:%d\n",r);
}
```

【14.3】 程序填空题,给定程序中,函数 fun 的功能:将字符串中的数字字符转换成对应的数值,计算出这些数值的累加和作为函数值返回。

例如,字符串为:abs5def126jkm8,程序执行后的输出结果为:22。

请在程序的下划线处填入正确的内容并把下划线删除,使程序得出正确的结果。

注意:部分源程序给出如下。

不得增行或删行,也不得更改程序的结构!

【部分源程序】

```
#include <stdio.h>
#include <string.h>
/ ********** found ********** /
________
int fun(char s[])
{int sum=0,i=0;
  while(s[i]){
    if(isdigit(s[i]))
/ ********** found ********** /
          sum+=s[i]-________
/ ********** found ********** /
          ________;
  }
/ ********** found ********** /
```

```
    return ________;
}
main( )
{
    char s[81];int n;
    printf("\nEnter a string:\n\n");
    gets(s);
    n=fun(s);
    printf("\nThe result is:%d\n\n",n);
}
```

【14.4】 程序填空题，下列给定程序中，函数 fun 的功能：在有 n 个元素的结构体数组中，查找有不及格科目的学生，找到后输出学生的学号；函数的返回值是不及格科目的学生人数。

例如，主函数中给出了 4 名学生的数据，则程序运行的结果为：

学号：N1002　学号：N1006

共有 2 位学生有不及格科目

请在程序的下划线处填入正确的内容并把下划线删除，使程序得出正确的结果。

注意：部分源程序给出如下。

不得增行或删行，也不得更改程序的结构！

【部分源程序】

```
#include <stdio.h>
struct student
{
    char num[8];
    double score[2];
/**********found**********/
}________
int fun(struct student std[],int n)
{
    int i,k=0;
    for(i=0;i<n;i++)
/**********found**********/
      if(std[i].score[0]<60 ________)
      {
        k++;
        printf("学号:%s",std[i].num);  }
/**********found**********/
      return ________
}
main( )
{
      struct student std[4]={"N1001",76.5,82.0,"N1002",53.5,73.0,
                "N1005",80.5,66.0,"N1006",81.0,56.0};
      printf("\n共有%d 位学生有不及格科目\n",fun(std,4));
}
```

【14.5】 程序填空题,函数 fun 的功能是将不带头节点的单向链表节点数据域中的数据从小到大排序。即若原链表节点数据域从头至尾的数据为:10、4、2、8、6,排序后链表节点数据域从头至尾的数据为:2、4、6、8、10。

请在程序的下划线处填入正确的内容并把下划线删除,使程序得出正确的结果。

注意:部分源程序给出如下。

不得增行或删行,也不得更改程序的结构!

【部分源程序】

```
#include <stdio.h>
#include <stdlib.h>
#define N 5
typedef struct node{
int data;
  struct node * next;
}NODE;
void fun(NODE * h)
{
  NODE *p, *q;int t;
  p=h;
  while (p){
/ ********** found ********** /
     q=________;
/ ********** found ********** /
     while(________)
     {  if(p->data>q->data){
          t=p->data;
          p->data=q->data;
          q->data=t;
          }
     q=q->next;
  }
/ ********** found ********** /
  p=________;
  }
}
NODE * creatlist(int a[])
{  NODE * h, *p, *q;
   int i;
   h=NULL;
   for(i=0;i<N;i++)
   {
      q=(NODE * )malloc(sizeof(NODE));
      q->data=a[i];
      q->next=NULL;
      if(h==NULL)  h=p=q;
      else{p->next=q;p=q;}
   }
```

```
    return h;
}
void outlist(NODE * h)
{   NODE *p;
    p=h;
    if(p==NULL)   printf("The list is NULL!\n");
    else
    {   printf("\nHead  ");
        do
        {   printf("->%d",p->data);p=p->next;   }
        while(p!=NULL);
        printf("->End\n");
    }
}
main()
{   NODE * head;
    int a[N]={10,4,2,8,6};
    head=creatlist(a);
    printf("\nThe original list:\n");
    outlist(head);
    fun(head);
    printf("\nThe list after inverting:\n");
    outlist(head);
}
```

【14.6】 程序填空题,下列给定程序中,函数 fun 的功能是计算下式:

$s=\frac{1}{2^2}+\frac{3}{4^2}+\frac{5}{6^2}+\cdots+\frac{2n-1}{(2n)^2}$ 直到 $\left|\frac{2n+1}{(2n)^2}\right|\leqslant 10^{-3}$,并将计算结果作为函数值返回。程序文件名:t37.c。

例如,若形参 e 的值为 10^{-3},函数的返回值为 2.985678。

请在程序的下划线处填入正确的内容并把下划线删除,使程序得出正确的结果。

注意:部分源程序给出如下。

不得增行或删行,也不得更改程序的结构!

【部分源程序】

```
#include <stdio.h>
double fun(double e)
{
   int i;
   double s,x;
/ ********** found ********** /
   s=0;________;
   x=1.0;
   while(x>e){
/ ********** found ********** /
   ________;
/ ********** found ********** /
      x=(2.0 * i-1)________;
```

```
      s=s+x;
   }
   return s;
}
main( )
{
   double e=1e-3;
   printf("\nThe result is:%f\n",fun(e));
}
```

【14.7】 程序改错题，给定程序中，函数 fun 的功能：应用递归算法求形参 a 的平方根。求平方根的迭代公式如下：

$$x_1=\frac{1}{2}\left(x_0+\frac{a}{x_0}\right)$$

例如，a 为 2 时，平方根值为：1.414214。

请改正程序中的错误，使它能输出正确的结果。

注意：不要改动 main 函数，不得增行或删行，也不得更改程序的结构！

【含有错误的源程序】

```
#include <stdio.h>
#include <math.h>
/ ********** found ********** /
double fun(double a, x0)
{
     double x1,y;
     x1=(x0+a/x0)/2.0;
/ ********** found ********** /
if(fabs(x1-xo)>0.00001)
        y=fun(a,x1);
else   y=x1;
/ ********** found ********** /
     return x1;
}
main( )
{
     double x;
     printf("Enter x:");
     scanf("%lf",&x);
     printf("The square root of %.2lf is %lf\n",x,fun(x,1.0));
}
```

【14.8】 程序改错题，给定程序中，函数 fun 的功能：利用插入排序法对字符串中的字符按从小到大的顺序进行排序。插入法的基本算法：先对字符串中的头两个元素进行排序。然后把第三个字符插入到前两个字符中，插入后前三个字符依然有序；再把第四个字符插入到前三个字符中……待排序的字符串已在主函数中赋予。

请改正程序中的错误，使它能输出正确的结果。

注意：不要改动 main 函数，不得增行或删行，也不得更改程序的结构！

【含有错误的源程序】

```
#include <stdio.h>
#include <string.h>
#define N 80
void insert(char aa[])
{
   int i,j,n;
   char ch;
   n=strlen(aa);
   for(i=1;i<n;i++){
/ ********** found ********** /
      c=aa[i];
      j=i-1;
      while((j>=0)&&(ch<aa[j]))
      {
/ ********** found ********** /
         aa[j++]=aa[j];
         j--;
      }
/ ********** found ********** /
      aa[j]=ch;
      }
}
main()
{
      char a[N]="QWERTYUIOPASDFGHJKLMNBVCXZ";
      printf("The original string:        %s\n",a);
      / ********** found ********** /
      insert(a[N]);
      printf("The string after sorting:  %s\n\n",a);
}
```

【14.9】 程序改错题,给定程序 MODI1.C 中 fun 函数的功能:求

$s=aa\cdots aa-\cdots-aaa-aa-a$(此处 $aa\cdots aa$ 表示 n 个 a,a 和 n 的值在 1 至 9 之间)

例如 $a=3$,$n=6$,则以上表达式为:

$s=333333-33333-3333-333-33-3$,其值是:296298

a 和 n 是 fun 函数的形参,表达式的值作为函数值传回 main 函数。

请改正程序中的错误,使它能输出正确的结果。

注意:不要改动 main 函数,不得增行或删行,也不得更改程序的结构!

【含有错误的源程序】

```
#include <stdio.h>
long fun(int a,int n)
{
   int j;
/ ************** found ************** /
```

```
  long s=0,t=1;
  for( j=0; j<n; j++)
      t=t * 10+a;
  s=t;
  for( j=1; j<n; j++){
/ *************** found *************** /
    t=t %10;
    s=s-t;
  }
  return(s);
}
main( )
{
  int a,n;
  printf("\nPlease enter a and n:");
  scanf(  "%d%d", &a, &n);
  printf("The value of function is:%ld\n",fun(a,n));
}
```

【14.10】 程序改错题,函数 fun 的功能:比较两个字符串,将长的那个字符串的首地址作为函数值返回。

请改正程序中的错误,使它能输出正确的结果。

注意:不要改动 main 函数,不得增行或删行,也不得更改程序的结构!

【含有错误的源程序】

```
#include <stdio.h>
/ *********** found *********** /
char fun(char *s,char *t)
{
  int sl=0,tl=0;char  *ss, *tt;
  ss=s;tt=t;
  while( *ss)
  {   sl++;
/ *********** found *********** /
    ( *ss)++;
  }
  while( *tt)
  {
    tl++;
/ *********** found *********** /
    ( *tt)++;
  }
  if(tl>sl)   return t;
  else      return s;
}
main( )
{
  char a[80],b[80];
```

```
    printf("\nEnter a string:  ");  gets(a);
    printf("\nEnter a string again:  ");  gets(b);
    printf("\nThe longer is:\n\n\"%s\"\n",fun(a,b));
}
```

【14.11】 程序改错题,函数 Creatlink 的功能是创建带头节点的单向链表,并为各节点数据域赋 0 到 $m-1$ 的值。

请改正程序中的错误,使它能输出正确的结果。

注意:不要改动 main 函数,不得增行或删行,也不得更改程序的结构!

【含有错误的源程序】

```
#include <stdio.h>
#include <stdlib.h>
typedef struct aa
{   int data;
    struct aa *next;
}NODE;
NODE *Creatlink(int n,int m)
{
    NODE *h=NULL, *p, *s;
    int i;
/**********found***********/
    p=(NODE)malloc(sizeof(NODE));
    h=p;
    p->next=NULL;
    for(i=1;i<=n;i++)
    {   s=(NODE *)malloc(sizeof(NODE));
        s->data=rand()%m;
        s->next=p->next;
        p->next=s;
        p=p->next;
    }
/**********found***********/
    return  p;
}
outlink(NODE *h)
{
    NODE *p;
    p=h->next;
    printf("\n\nTHE  LIST:\n\n  HEAD");
    while(p)
    {   printf("->%d",p->data);
        p=p->next;
    }
    printf("\n");
}
main()
{
```

```
   NODE  * head;
   head=Creatlink(8,22);
   outlink(head);
}
```

【14.12】 程序改错题,下列给定程序中函数 fun 的功能:逐一比较 *p*,*q* 所指两个字符串对应位置上的字符,并把 ASCII 值大或相等的字符依次存放到 *c* 所指的数组中,形成一个新的字符串。程序文件名:t29. c。

例如,主函数中 *a* 字符串为 aBCDeFgH,b 字符串为 ABcd,则 c 字符串应为:aBcdeFgH

请改正程序中的错误,使它能输出正确的结果。

注意:不要改动 main 函数,不得增行或删行,也不得更改程序的结构!

【含有错误的源程序】

```
#include <stdio.h>
#include <string.h>
void fun(char *p, char *q, char * c)
{
/ ************ found ************ /
     int k=1;
/ ************ found ************ /
     while( *p!= *q)
     {
        if( *p< *q)   c[k]= *q;
        else          c[k]= *p;
        if( *p)   p++;
        if( *q)   q++;
   / ************ found ************ /
        c[k]='\0';
     }
}
main( )
{
     char a[10]="aBCDeFgH", b[10]="ABcd", c[80]={'\0'};
     fun(a, b, c);
     printf("The string a:   ");   puts(a);
     printf("The string b:   ");   puts(b);
     printf("The result   :   ");   puts(c);
}
```

【14.13】 程序设计题,请编写函数 fun,函数功能:将大于形参 *m* 且紧靠 *m* 的 *k* 个素数存入 xx 所指的数组中。例如,若输入 17,5,则应输出:19,23,29,31,37。

注意:部分源程序给出如下。

请勿改动主函数 main 和其他函数中的任何内容,仅在函数 fun 的花括号中填入你编写的若干语句。

【部分源程序】

```
#include <stdio.h>
```

```
void fun(int m,int k,int xx[])
{

}
main()
{
   int m,n,zz[1000];
   printf("\nPlease enter two integers:");
   scanf("%d%d",&m,&n);
   fun(m,n,zz);
   for(m=0;m<n;m++)
      printf("%d",zz[m]);
   printf("\n");
}
```

【14.14】 程序设计题,请编写函数 fun,函数的功能:将 M 行 N 列的二维数组中的数据,按行的顺序依次放入一维数组中。数组中数据的个数存放在形参 n 所指的存储单元中。

例如,二维数组中的数据为:

33 33 33 33

44 44 44 44

55 55 55 55

则一维数组中的内容应是:

33 44 55 33 44 55 33 44 55 33 44 55

注意:部分源程序给出如下。

请勿改动主函数 main 和其他函数中的任何内容,仅在函数 fun 的花括号中填入你编写的若干语句。

【部分源程序】

```
#include <stdio.h>
int fun(int s[][10],int b[],int mm,int nn)
{

}
main( )
{
   int w[10][10]={{33,33,33,33},{44,44,44,44},{55,55,55,55}},i,j;
   int a[100]={0},n;
   printf("The matrix:\n");
   for(i=0;i<3;i++)
   {
      for(j=0;j<4;j++)
         printf("%3d",w[i][j]);
   printf("\n");
   }
   n=fun(w,a,3,4);
   printf("The A array:\n");
   for(i=0;i<n;i++)
```

```
    printf("%3d",a[i]);printf("\n\n");
}
```

【14.15】 程序设计题,请编写函数 fun,函数的功能:删去一维数组中所有相同的数,使之只剩一个数。数组中的数已按由小到大的顺序排列,函数返回删除后数组中数据的个数。

例如,一维数组中的数据是:2 2 2 3 4 4 5 6 6 6 6 7 7 8 9 9 10 10 10。删除后,数组中的内容应该是:2 3 4 5 6 7 8 9 10。

注意:部分源程序给出如下。

请勿改动主函数 main 和其他函数中的任何内容,仅在函数 fun 的花括号中填入你编写的若干语句。

【部分源程序】

```
#include <stdio.h>
#define N 30
int fun(int a[],int n)
{


}
main()
{
  int a[N]={2,2,2,3,4,4,5,6,6,6,6,7,7,8,9,9,10,10,10,10},i,n=20;
  printf("The original data:\n");
  for(i=0;i<n;i++)
    printf("%3d",a[i]);
  n=fun(a,n);
  printf("\n\nThe data after deleted:\n");
  for(i=0;i<n;i++)
    printf("%3d",a[i]);
  printf("\n");
}
```

【14.16】 程序设计题,请编写函数 fun,函数的功能是统计一行字符串中单词的个数,作为函数值返回。一行字符串在主函数中输入,规定所有单词由小写字母组成,单词之间由若干个空格隔开。

注意:部分源程序给出如下。

请勿改动主函数 main 和其他函数中的任何内容,仅在函数 fun 的花括号中填入你编写的若干语句。

【部分源程序】

```
#include <stdio.h>
#define N 80
int fun(char s[])
{


}
main()
```

```
{
   char line[N];int num=0;
   printf("Enter a string:\n");
   gets(line);
   num=fun(line);
   printf("The number of word is:%d\n\n",num);
}
```

【14.17】 程序设计题,编写函数 fun,其功能:求出每位学生的平均分,并放于记录 ave 成员中。某学生的记录由学号、6 门课程成绩和平均分组成,学号和 6 门课程的成绩已在主函数中给出。

程序的运行结果为:

Number	c1	c2	c3	c4	c5	c6	Average
GA005	85.5	76.0	69.5	85.0	91.0	72.0	79.83
GA001	82.5	66.0	76.5	76.0	89.0	76.0	77.67
GA002	72.5	56.0	66.5	66.0	79.0	68.0	68.00
GA003	92.5	76.0	86.5	86.0	99.0	86.0	87.67
GA004	82.0	66.5	46.5	56.0	76.0	75.0	67.00
GA006	75.5	74.0	71.5	85.0	81.0	79.0	77.67
GA007	92.5	61.0	72.5	84.0	79.0	75.0	77.33
GA008	72.5	86.0	73.5	80.0	69.0	63.0	74.00
GA009	66.5	71.0	74.5	70.0	61.0	82.0	70.83
GA010	76.0	66.5	75.5	60.0	76.0	71.0	70.83

注意:部分源程序给出如下。

请勿改动主函数 main 和其他函数中的任何内容,仅在函数 fun 的花括号中填入你编写的若干语句。

【部分源程序】

```
#include <stdio.h>
#define M 10
#define N 6
struct student                          /* 结构体类型说明为全局 */
{   char num[10];
    double s[N];
    double ave;
};
void fun(struct student a[])
{
}
main()
{
   int i,j;
```

```
    struct student s[10]={
    {"GA005",85.5,76,69.5,85,91,72},
    {"GA001",82.5,66,76.5,76,89,76},
    {"GA002",72.5,56,66.5,66,79,68},
    {"GA003",92.5,76,86.5,86,99,86},
    {"GA004",82,66.5,46.5,56,76,75},
    {"GA006",75.5,74,71.5,85,81,79},
    {"GA007",92.5,61,72.5,84,79,75},
    {"GA008",72.5,86,73.5,80,69,63},
    {"GA009",66.5,71,74.5,70,61,82},
    {"GA010",76,66.5,75.5,60,76,71}
    };
    fun(s);
    printf("Number   c1      c2      c3      c4      c5      c6   Average\n");
    for(i=0;i<M;i++)
    {
      printf("%s",s[i].num);
      for(j=0;j<N;j++)
        printf("%6.1f",s[i].s[j]);
      printf("%7.2f\n",s[i].ave);
    }
}
```

【14.18】 程序设计题，N 名学生的成绩已在主函数中放入一个带头节点的链表结构中，h 指向链表的头节点。请编写函数 fun，它的功能：找出学生的最高分，由函数值返回。

注意：部分源程序给出如下。

请勿改动主函数 main 和其他函数中的任何内容，仅在函数 fun 的花括号中填入你编写的若干语句。

【部分源程序】

```
#include <stdio.h>
#include <stdlib.h>
#define N 8
struct slist
{   double s;
    struct slist * next;
};
typedef struct slist STREC;
double fun(STREC * h   )
{
}
STREC *  creat(double *s)
{
  STREC * h, *p, *q;int i=0;
  h=p=(STREC * )malloc(sizeof(STREC));
  p->s=0;
  while(i<N)
  {
```

```
        q=(STREC * )malloc(sizeof(STREC));
        q->s=s[i];i++;p->next=q;p=q;
      }
    p->next=0;
    return h;
}
outlist(STREC * h)
{
    STREC  *p;
    p=h->next;
printf("head");
    do
    { printf("->%2.0f",p->s);p=p->next;}
    while(p!=0);
    printf("\n\n");
}
main()
{
    double s[N]={85,76,69,85,91,72,64,87},max;
    STREC  * h;
    h=creat(s);   outlist(h);
    max=fun(h);
    printf("max=%6.1f\n",max);
    }
```

14.4 实训练习

(一) 选择题

1. 请选出可用作C语言用户标识符的一组标识符______。

A. void	B. a3_b3	C. For	D. 2a
define	_123	-abc	DO
WORD	IF	Case	sizeof

2. 下列选项中可作为C语言合法整数的是______。

A. 10110B　　B. 0386　　C. 0Xffa　　D. x2a2

3. 下列选项符合C语言语法的赋值表达式是______。

A. a=9+b+c=d+9　　B. a=(9+b,c=d+9)

C. a=9+b,b++,c+9　　D. a=9+b++=c+9

4. 若有定义:int x,y; char s1,s2,s3;,并有以下输出数据:(注:└┘代表空格)

1└┘2<回车>

U└┘V└┘W<回车>

则能给x赋给整数1,给y赋给整数2,给s1赋给字符U,给s2赋给字符V,给s3赋给字符

W 的正确程序段是______。

A. scanf("x=%dy=%d",&x,&y); s1=getchar();s2=getchar();s3=getchar();

B. scanf("%d%d",&x,&y);　s1=getchar();s2=getchar();s3=getchar();

C. scanf("%d%d%c%c%c",&x,&y,&s1,&s2,&s3);

D. scanf("%d%d%c%c%c%c%c%c",&x,&y,&s1,&s1,&s2,&s2,&s3,&s3);

5. 能正确表示“当 x 的取值在[-58,-40]和[40,58]范围内为真,否则为假”的表达式是______。

A. (x>=-58) && (x<=-40) && (x>=40) && (x<=58)

B. (x>=-58)||(x<=-40)||(x>=40)||(x<=58)

C. (x>=-58) && (x<=-40)||(x>=40) && (x<=58)

D. (x>=-58)||(x<=-40) && (x>=40)||(x<=58)

6. 请阅读以下程序:该程序______。

```
#include <stdio.h>
int main()
{
  int x=-10,y=5,z=0;
  if (x=y+z)   printf("***\n");
  else      printf("$ $ $\n");
}
```

A. 有语法错不能通过编译　　　B. 可以通过编译但不能通过连接

C. 输出 ***　　　D. 输出 $ $ $

7. 下面程序的输出结果是______。

```
#include <stdio.h>
int main()
{
  char *s="12134211";
  int k,v1=0,v2=0,v3=0,v4=0;
  for (k=0;s[k];k++)
  switch(s[k])
  {
  default:v4++;
    case 1:v1++;
    case 2:v2++;
    csse 3:v3++;
  }
printf("v1=%d,v2=%d,v3=%d,v4=%d\n",v1,v2,v3,v4);
}
```

A. v1=4,v2=2,v3=1,v4=1　　　B. v1=4,v2=9,v3=3,v4=1

C. v1=5,v2=8,v3=6,v4=1　　　D. v1=8,v2=8,v3=8,v4=8

8. 下列程序的输出结果为______。

```
#include <stdio.h>
int main()
```

```
{   int i,j,x=0;
    for(i=0;i<2;i++)
    {
      x++;
      for(j=0;j<=3;j++)
          {if(j%2) continue; x++;  }
      x++;
    }
    printf("x=%d\n",x);
}
```

A. x=4　　B. x=8　　C. x=6　　D. x=12

9. 若有以下说明：

int a[10]={1,2,3,4,5,6,7,8,9,10};

char c='c',d;

则数值为1的表达式是( )

A. a[d-c]　　B. a[1]　　C. a['d'-'c']　　D. a['c'-c]

10. 以下程序运行后，输出结果是______。

```
#include <stdio.h>
int main()
{
  int  n[5]={0,0,0},i,k=2;
  for(i=0;i<k;i++)  n[i]=n[i]+1;
  printf("%d\n",n[k]);
}
```

A. 不确定的值　　B. 2　　C. 1　　D. 0

11. 有以下程序

```
#include <stdio.h>
int main()
{
  int  a[3][3]={{1,2},{3,4},{5,6}},i,j,s=0;
  for(i=1;i<3;i++)
     for(j=0;j<=i;j++) s+=a[i][j];
printf("%d\n",s);
}
```

该程序的输出结果是______。

A. 18　　B. 19　　C. 20　　D. 21

12. 以下程序运行后，输出的结果是______。

```
#include <stdio.h>
#include<string.h>
int main()
{
  char w[][10]={"ABCD","EFGH","IJKL","MNOP"},k;
  for (k=1;k<3;k++)
```

```
    printf("%s\n", &w[k][k]);
}
```

A. ABCD
FGH
KL
M

B. ABCD
EFG
IJ

C. EFG
JK
O

D. FGH
KL

13. 若有以下程序

```
#include <stdio.h>
void f(int  n);
int main()
{
  void f(int n);
  f(5);
}
void f(int n)
{
  printf("%d\n",n);
}
```

则以下叙述中不正确的是______。

A. 若只在主函数中对函数 f 进行说明,则只能在主函数中正确调用函数 f

B. 若在主函数前对函数 f 进行说明,则在主函数和其后的其他函数中都可以正确调用函数 f

C. 对于以上程序,编译时系统会提示出错信息:提示对 f 函数重复说明

D. 函数 f 无返回值,所以可用 void 将其类型定义为无值型

14. 有如下函数调用语句

func(rec1,rec2+rec3,(rec4,rec5));

该函数调用语句中,含有的实参个数是______。

A. 3　　B. 4　　C. 5　　D. 有语法错

15. 下列程序的运行结果是______。

```
#include <stdio.h>
int main()
{
  int i=3, *p=&i, *q=p;
  *q= *p+1;
  printf("%d, %d, %d\n",++i, *p, *q);
}
```

A. 5,5,4　　B. 5,4,4　　C. 5,5,5　　D. 4,4,4

16. 以下程序的输出结果是______。

```
#include <stdio.h>
int  d=1;
fun(int  p)
{
  static int d=5;
  d+=p;
  printf("%d ",d);
  return(d);
}
int main()
{
  int a=3;
  printf("%d \n",fun(a+fun(d)));
}
```

A. 6 9 9　　B. 6 6 9　　C. 6 15 15　　D. 6 6 15

17. 下面程序的功能是从输入的十个字符串中找出最长的那个串。请在______处填空。

```
#include <stdio.h>
#include<string.h>
#define N 10
int main()
{
  char s[N][81], * t;
  int j;
  for (j=0; j<N;j++)
    gets (s[j]);
  t= *s;
  for (j=1; j<N;j++)
    if (strlen(t)<strlen(s[j]))  ________;
  printf("the max length of ten strings is: %d, %s\n",strlen(t),t);
}
```

A. t=s[j]　　B. t=&s[j]　　C. t=s++　　D. t=s[j][0]

18. 有以下程序

```
#include <stdio.h>
#include<malloc.h>
int main()
{
  char *q, *p;
  p=(char * ) malloc (sizeof(char) * 20);  /* 分配一块 20 个字节的空间,并让指针 p 指向它 */
  q=p;
  scanf("%s%s",p,q);
  printf("%s %s\n",p,q);
```

```
}
```

若从键盘输入:abc　def↙,则输出结果是:______

A. def　def　　B. abc　def　　C. abc　d　　D. d　d

19. 若有下列说明和语句,已知 int 类型占 4 个字节,则以下的输出结果为______。

```
#include <stdio.h>
int main( )
{
  structst
  { char a[10];
    int b;
    double c;
  };
  printf("%d\n",sizeof(struct st));
}
```

A. 18　　B. 20　　C. 22　　D. 24

20. 下面的程序执行后,文件 test.t 中的内容是______。

```
#include <stdio.h>
void fun(char * fname.,char *st)
{
  FILE * myf;
  int i;
  myf=fopen(fname,"w");
  for(i=0;i<strlen(st); i++)   fputc(st[i],myf);
  fclose(myf);
}
int main( )
{
  fun("test.t","new world");
  fun("test.t","hello");
}
```

A. hello　　B. new worldhello,　C. new world　　D. helloorld

(二) 程序填空

1. 下面程序的完成功能是,计算一个字符串中子串出现的次数。

```
#include <stdio.h>
int main( )
{
  int i,j,k,count;
  char  str1[20],str2[20];
  printf("zhu chuan:");
  gets(str1);
  printf("zi chuan:");
```

```
  gets(str2);
  ____①____;
  for(i=0;str1[i];i++)
      for(j=i,k=0;____②____;j++,k++)
          if(____③____)
              count++;
  printf("chuxian  cishu=%d\n",count);
}
```

2. 以下程序的功能是，用二分法求方程 $2x^3-4x^2+3x-6=0$ 在区间[-100,90]的根，并要求绝对误差不超过 0.001。请填空。

```
#include <stdio.h>
float f(float x)
{return (2*x*x*x-4*x*x+3*x-6);}
int main()
{
  float m=-100,n=90,r;
  r=(m+n)/2;
  while(f(r)*f(n)!=0)
  {  if(____④____) m=r;
      else n=r;
        if(____⑤____) break;
        ____⑥____;
  }
  printf("方程的解是%6.3f\n",r);
}
```

3. 下面程序的功能是，将十进制数转换成十六进制数。
(注释:'0'和'A'的 ASCII 码值为 48,65)

```
#include <stdio.h>
#include <string.h>
int main()
{
  int a,i;
  chars[20];
  printf("Input a:\n");
  scanf("%d",&a);
  c10_16(s,a);
  for (i=____⑦____;i>=0;i--)
    printf("%c",*(s+i));
  printf("\n");
}
c10_16(char *p,int b)
{
```

```
    int j;
    while(b>0)
    {
      j=b%16;
      if(____⑧____) *p=j+48;
      else *p=j+55;
      b=b/16;
      ____⑨____;
    }
    *p='\0';
}
```

4. 假如用两个带头节点的单链表 heada，headb 分别表示集合 A 和 B，且集合中的元素不重复。函数 subs 的功能是求集合的差 $A-B$，所求结果由 heada 返回。所谓集合的差，是指在一个集合中存在而在另外一个集合不存在的元素集合。例如，

A={'a','b','c','d','e','f'}

B={'c','f','g'}

则 A－B={'a','b','d','e'}

请填空。

```
typedef struct node          /* 用 typedef 语句定义 ListNode 为 node 结构体类型 */
{
  char data;          /* 数据域 */
  struct node * next;          /* 指针域 */
}ListNode;

ListNode *subs(ListNode * heada,ListNode * headb)
{
  ListNode *p, *q, * r, *s;
  p=heada->next;               /*p 指向第一个数据节点 */
  r=heada;
  r->next=NULL;          /* r 指向生成的单链表的最后一个节点 */
  while (____⑩____)             /* 扫描 A */
  {
    q=headb->next;
    while (q!=NULL && q->data!=p->data)
      ____⑪____;
    if (q!=NULL)                  /* 若 p 节点在 B 中,则要删除之 */
    {
      s=p->next;
      free(p);
      ____⑫____;
    }
    else          /* 若 p 节点不在 B 中,则链接到新单链表中 */
    {
```

```
        ____⑬____;
        s=p->next;
        r=p;
        r->next=NULL;
        p=s;
      }
    }
    return heada;
}
```

参考文献

[1] 谭浩强. C 程序设计[M]. 5 版. 北京：清华大学出版，2017.

[2] 全国计算机等级考试命题研究中心未来教学与研究中心. 全国计算机等级考试真题汇编与专用[M]. 北京：人民邮电出版社，2016.

[3] 孟东霞，相洁. C 语言程序设计习题与实验指导[M]. 北京：人民邮电出版社，2019.

[4] 朱香卫，张建. C 语言项目式教程[M]. 北京：北京理工大学出版社，2021.

[5] 常中华，王春蕾，毛旭亭，等. C 语言程序设计实例教程(慕课版)[M]. 3 版. 北京：人民邮电出版社，2023.

[6] 孙艳红，李莉，黄瑜岳，等. C 语言程序设计实验教程[M]. 上海：上海交通大学出版社，2024.